经典战史回眸　兵器系列

波浪间的巨兽

现代航母图集

冬初阳　著

WUHAN UNIVERSITY PRESS
武汉大学出版社

图书在版编目(CIP)数据

波浪间的巨兽:现代航母图集/冬初阳著.—武汉:武汉大学出版社,2015.7

经典战史回眸.兵器系列

ISBN 978-7-307-16382-9

Ⅰ.波… Ⅱ.冬… Ⅲ.航空母舰—史料—世界—图集 Ⅳ.E925.671-64

中国版本图书馆 CIP 数据核字(2015)第 163190 号

责任编辑:辛　凯　　责任校对:黄添生　　版式设计:马　佳

出版发行:**武汉大学出版社**　(430072　武昌　珞珈山)

(电子邮件:cbs22@whu.edu.cn　网址:www.wdp.com.cn)

印刷:湖北恒泰印务有限公司

开本:720×1000　1/16　印张:10.5　字数:198 千字

版次:2015 年 7 月第 1 版　2015 年 7 月第 1 次印刷

ISBN 978-7-307-16382-9　定价:46.00 元

目 录

福莱斯特级大型航空母舰

■ 20世纪60年代的“福莱斯特”号航空母舰。

虽然世界上最早的改装航母（英国的“暴怒”号）和第1艘直接设计和建造的航空母舰（英国海军的“竞技神”号）这两项开天辟地的殊荣都不属于美国，但是最早的舰载飞机起降实验却是1910年11月14日，由美国飞行员尤金·伊利首开先河。

1941年12月7日晨，日本联合舰队偷袭美国太平洋舰队基地珍珠港，从6艘航空母舰上起飞的354架日本飞机炸沉和重创美国战列舰4艘，巡洋舰和驱逐舰16艘，炸毁飞机188架，官兵死伤约4500人。美国太平洋舰队除航空母舰外几乎全军覆没，而日军仅损失飞机29架。“珍珠港事件”成为美国历史上的奇耻大辱，但是也促使美国的战争机器全面开动。工业实力强大的美国只用半年时间便恢复了海军的元气，在太平洋战争中取得了一系列海战的胜利，尤其是美军航母在海战中显示了巨大威力。当二战结束时，包括护航航母在内，美国海军已经拥有100多艘航母，成为当之无愧的世界第一海军强国和航母大国。而在二战之后，航空母舰的发展一直是美国海军发展战略的重心之一，其数量几乎一直相当于世界其他各国的总和，而且排水量总吨位和舰载机数量更是遥遥领先。

二次大战令美国深刻认识到航母的巨大作用，而随着军事科学技术突飞猛进的发展，超音速喷气式飞机、核武器等新式武器和先进的航空、电子设备以及其他先进的舰载设备层出不穷，为建造性能更加先进的航母提供了良好的物质条件。一贯重视军事技术革新的美国为了在战后继续保持其海军优势，强化世界范围内的海上制空、制海权，实现其全球战略目标，决定建造一批搭载喷气式战机的新型航母，以取代已退役或行将退役的老式航母。凭借着美国雄厚的造船工业基础，先进的科研能力，很快便设计出战后第一代新型航母——福莱斯特级航母。1952年7月14日，该级第1艘舰“福莱斯特”

■ 第176中队的A-6E正要从“福莱斯特”号（CV-59）上起飞，参加“团队精神”演习。

正要准备从“福莱斯特”号上起飞的F-14“雄猫”战斗机。

号动工建造，1954年12月11日下水，1955年10月1日服役，造价1.89亿美元。（1955年）

福莱斯特级航母首次采用蒸汽弹射器，从而使舰载机滑跑距离大大缩短。飞行甲板吸取英国航空母舰的最新设计经验，将传统的直通式飞行甲板变为斜角和直通混合布置的飞行甲板，这种飞行甲板的夹角一般为10－13度，斜角甲板部分位于左舷中后部，主要用于飞机降落；直通甲板位于舰的中部前端，主要用于飞机的起飞，当4部弹射器同时工作时，可在4分钟内起飞32架飞机。斜直两段式甲板的最大优点是可将整个飞行甲板分为起飞、待机和降落3个区，能够同时进行起飞和着舰作业，而互不干扰，从而形成了美国战后一直延续至今的航空母舰的基本运作模式。

福莱斯特级航母的舰艏、飞行甲板和机库都采用封闭式结构，具有全天候作战能力。舰体，以优质合金钢建造，强度很高，设有多层防雷隔舱，全舰有1200多个水密舱，水下防护能力和抗损毁能力较强。但是4艘福莱斯特级的外形有所不同，首舰“福莱斯特”号设有2根桅杆（后来在改装时去掉1根），采用长方形舰桥。前2艘“福莱斯特”号和“萨拉托加”号舰艉为开放式结构，后2艘“突击者”号和“独立”号舰艉则改为封闭式结构。福莱斯特级的最初设计还包括可折叠式烟囱和可伸缩的驾驶室。采用斜角甲板技术导致该舰的设计建造作了较大的改动，包括：一个斜角甲板、一个大的右舷岛式上层建筑、烟囱从该上层建筑的中部穿过。在建成之时，该级舰的4艘航母都配置了重炮火力，1977年拆除了所有的火炮。在现代化改装中还改进了电子系统，配置海军战术数据系统“NTDS”。

该级航母最初是作为攻击型航母使用的，其主要作战使命是：实施远洋作战，夺取作战海区的制空权和制海权；袭击地面目标，支援登陆作战；攻击和消灭敌方的水面舰艇编队和运输船队；封锁海峡、港口和基地，切断敌人的出海口和交通运输线；支援己方舰艇作战，为己方运输船队护航等。后来根据作战任务的需要，该级航母又被改成多用途航母，除用于执行上述使命外，还被用来攻击敌方的潜艇部队。为此，航母上增设了相应的反潜设备，减少了部分攻击机和战斗机，搭载了一些反潜机。除此之外，福莱斯特级还一度被考虑用做战略核打击力量，搭载可携带核武器的飞机，只是在弹道导弹核潜艇出现后，这一使命才被取消。

1980年该级舰按照“服役期延长计划”（SLEP，Service Life Extension Program）进行改装，旨在延长服役期15年。改装需时28个月，时间安排如下：“萨拉托加”号1981–1983年，“福莱斯特”号 1983–1985年，“突击者”号1985–1987年，“独立”号1988–1989年。改装项目为：拆除原飞机弹射器，改装90米“C-13”型弹射器；安装第3座“海麻雀”导弹系统和3座近程武器系统”，采用更先进的雷达系统，海军战术数据系统“NTDS”，反潜识别分析中心“ASCAC”（Anti Submarine Classification and Analysis Center），改建所有舱室，用F/A-18“大黄蜂”战斗攻击机取代“海盗”攻击机。

1962年古巴导弹危机期间，美国曾先后出动包括“独立”号在内的航母及其他舰艇100多艘，对古巴周围500海里的海域实施封锁。

越南战争期间，福莱斯特级航母参战，舰载机对北越军事目标实施空袭。而“福莱斯特”号航母在越战期间发生了一次航母历史上最为重大的事故。

1967年6月6日，“福莱斯特”号航空母舰离开了弗吉尼亚的诺福克港，驶向西太平洋执行对越南的作战任务。它途经里约热内卢到达菲律宾的苏比克湾基地，加油后在7月25日到达距越南海岸97千米的托金湾，出动舰载飞机，迅速对北越的桥梁、仓库、萨姆防空导弹发射阵地和机场进行了狂轰烂炸。在此后的4天时间里，其舰载机出动了150架次而无一损失。

然而，7月29日，意想不到的事故发生了。当天上午10点52分，正当“福莱斯特”号航空母舰准备第2次弹射飞机时，一枚空对地导弹意外地从停在舰艉飞行甲板末端的F-4飞机机翼下点火，击中了一架A-4攻击机的油箱。油箱随即爆炸，大火迅速燃遍了整个飞行甲板并且引起了军械库的爆炸。在这场灾难中，共有134名美军官兵伤亡，21架飞机被毁，另有43架严重受损。9月14日，“福莱斯特”号航空母舰回到了诺福克港。这次事故导致了连续花费7个月时间进行维修，然后才重新开始服役。

1983年，“福莱斯特”号参加对尼加拉瓜的封锁，同年10月参加入侵格林纳达的登陆作战。

1986年3月24日，美国和利比亚在锡德拉湾发生的军事冲突。美国海军派遣分别以“萨拉托加”号、“珊瑚海”号和“美国”号为核心的3个航母战斗群向利比亚发起进攻，从“萨拉托加”号起飞的2架攻击机先后两次发射“哈姆”反辐射导弹，摧毁了利比亚军设在锡德拉城的导弹基地和雷达站。

1990年伊拉克入侵科威特。海湾战争随后爆发，美国海军的4艘福莱斯特级航母全部出动，先后部署至地中海、红海、阿拉伯海及波斯湾。其中，“独立”号于8月2日驶离印度洋，8月8日抵达阿曼湾，随后进入波斯湾对伊拉克进行海空封锁；“萨拉托加”号航母8月部署在红海，9月下旬调往地中海，1991年1月6日又被重新部署到红海；“突击者”号和刚刚完成维修的“福莱斯特”号也于12月

■ “福莱斯特”号（CV-59）与第6舰队旗舰“贝尔普纳”号（CG-26）飞弹巡洋舰于1988年演习编队航行中。

■ 1991年，驶入旧金山港的“福莱斯特”号航母。它即将成为一艘训练航母。

初出动，1991年1月抵达波斯湾。

在海湾战争中，福莱斯特级航母战斗群起到了重要作用：一是实施多方向、多批次的对地攻击。舰载的F/A-18、A-6E和A-7E等战斗攻击机和攻击机约300架，使用导弹、激光制导炸弹和集束炸弹等，从东南、西南和西北3个方向，对伊、科境内的地面重要军事目标实施攻击。二是为攻击机、轰炸机提供护航保护。4艘福莱斯特级航空母舰上均配有2个中队共20架F-14“雄猫”式战斗机，这些战斗机在执行舰队防空任务的同时，还可以为攻击兵力提供空中掩护。

1992年，“福莱斯特”号（CV-59）改做训练航空母舰，同年9月进入费城海军造船厂，进行为期14个月的全面检修。1993年3月，美国海军宣布中止对“福莱斯特”号的检修。1993年9月，“福莱斯特”号退役。“突击者”号（CV-61）于1993年退役，“萨拉托加”号（CV-60）于1994年8月退役，“独立”号（CV-62）于1988年完成为期34个月，耗资8亿美元的延长服役期改装计划后，驻泊日本横须贺基地。1998年9月30日，“独立”号航母退役，现保留在布雷默顿港。

福莱斯特级大型航空母舰性能与数据

舰名	舷号	开工	服役	退役
福莱斯特 forrestal	CV-59	1952.7	1955.10	1993.9
萨拉托加 Saratoga	CV-60	1952.12	1956.4	1994.8
突击者 Ranger	CV-61	1954.8	1957.8	1993.7
独立 Independence	CV-62	1954.7	1959.1	1998.9

■ 泊于美国海军梅波特港的“福莱斯特”号（CV-59），时为1988年4月。

性能：

标准排水量： 59060－60000吨

满载排水量：福莱斯特 79250吨　　萨拉托加 80383吨　　突击者 81163吨　独立 80643吨

主尺度：总长326.4米（福莱斯特331米），舰体宽39.6米，吃水11.3米

飞行甲板：长319.1米，宽82.3米

弹射器：4座C-13型蒸汽式

动力：8台巴布柯克－威尔科斯（Babcock&Wilcox）锅炉，

4台威斯汀豪斯（Westinghouse）蒸汽轮机，280000马力；4轴

最高航速：33节

续航力：8000海里/20节，4000海里/30节

舰员：2900名，其中军官154名；

舰载航空人员2279名，其中军官329名；

旗舰人员70名，其中军官25名

导弹：3座Mk29 8联装“北约海麻雀”（NATOSea Sparrow）对空导弹

火炮：3座Mk15“密集阵”（Vulcan Phalanx）近防炮

假目标对抗：4座Mk36 SRBOC 6管红外曳光弹和干扰箔条弹发射器；水面舰艇鱼雷防御系统（SSTDS）；SLQ36“水精”(Nixie）电声干扰器

电子支援/对抗：SLQ32（V）3，雷达预警、干扰和欺骗系统

作战数据系统：海军战术作战指挥系统（NTDS）；4A、11、14、16号数据链；另有JOTS，POST，CVIC，TESSU毫米-1（V）1，SSQ-82，卫星通信系统（SAT-COMS）SRR-1，WSC-3（UHF），WSC-6（SHF），USC-38（EHF）

雷达：SPS48C三座标对空雷达；SPS49（V）5对空雷达；休斯（Hughes）Mk23TAS对空雷达；诺登（Norden）SPS67对海雷达；SPN41进场控制雷达；SPN42进场控制雷达；SPN43A进场控制雷达；SPN44进场控制雷达；SPN64（V）9导航雷达；Mk95火控雷达；URN25战术空中导航雷达

舰载机：一般配备20架F-14“雄猫”(Tomcat)，36架F/A-18“大黄蜂”(Hornet)，4架EA-6B“徘徊者”(Prowler)，4架E-2C“鹰眼”(Hawkeye)，8架S-3A/B“北欧海盗”(Viking)，4架SH-60F和2架HH-60H“海鹰”(Seahawk）直升机

平均造价：2.23亿美元（20世纪50年代）

小鹰级大型航空母舰

1991年8月航行于维吉尼亚角的“小鹰”号（CV-63）航空母舰。

福莱斯特级航空母舰被称为“超级航空母舰”，但在服役过程中仍发现了一些不足，于是在1956年建造第5艘时，美国海军对其进行了大幅度改进并连续建造了3艘，这4艘被称为小鹰级，它是美国建造的最后一级常规动力航空母舰，也是世界上最大的一级常规动力航母。

小鹰级航母在总体设计上沿袭了福莱斯特级航母的设计特点，其舰型特点、尺寸、排水量、动力装置等都与福莱斯特级基本相同，但小鹰级航母在上层建筑、防空武器、电子设备、舰载机配备等方面均作了较大改进。

相比福莱斯特级，小鹰级航母主要作了如下改进：首先，是飞机升降机的布置，4部甲板舷边升降机中，有3部留在右舷，其中2部布置在上层建筑的前方，1部布置在上层建筑的后方。这恰好与福莱斯特级相反。这种改变大大改善了舰上的飞行作业，成为此后所有美国航母都沿用的装置。其次，小鹰级的飞行甲板面积增大，升降机大，岛式上层建筑后移，这都考虑到了升降机的布局，以利于飞机的飞行作业。再次，小鹰级在岛式上层建筑后部增设了1根格式桅杆，上面装有测高雷达。拆除2座127毫米火炮，代之以“小猎犬”导弹，提高了其远程防空能力。最后，两者外形不同，“小鹰”号和 “星座”号采用矩形烟囱，“美国”号采用较小的方形烟囱，“肯尼迪”号为防止烟灰落在飞行甲板上和腐蚀天线，将其向右舷倾斜。此外，在舰载机、电子设备、特种装置等方面也有较大变化。

小鹰级全长323.6米，宽39.6米，吃水11.4米，标准排水量61174吨，舰上载航空燃油5882吨。其飞行甲板长318.8米，宽76.8米，从底层到舰桥大约有18层楼高。飞行甲板以下分为10层，总计有2400余个仓室。1－4层为燃料舱、淡水舱、弹药舱和轮机舱；5、6层为水兵住舱、食品库、餐厅和行政办公室；7、8层为舰载机维修间、维修人员和雷达员的住舱；9、10层为机库、战斗值班室和飞行员餐厅。甲板以上的岛式上层建筑分为8层，自下向上依次为：消防、医务、导弹人员住舱；工具、通信及电气材料库；军官室；舰长及司令部人员、新闻人员工作室和休息室等。

■ “小鹰”号与其航母战斗群，照片时为1987年3月。

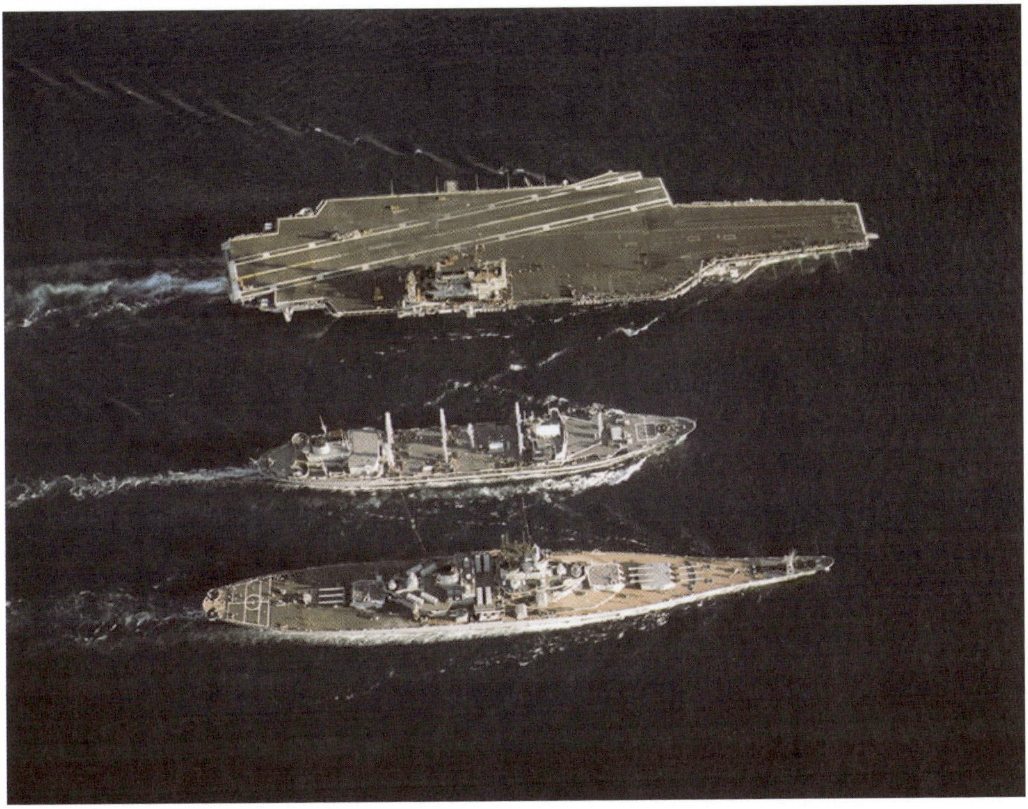

■ “小鹰”号（CV-63）与“密苏里”号（BB-63）战列舰、“卡维希维”号（T-AO-146）补给舰的编队，时为1986年7月。

小鹰级航母在直角和斜角甲板上各有2部蒸汽弹射器，在斜角甲板上有4道拦阻索和1道拦阻网；左舷1部升降机，右舷3部升降机（上层建筑前面2部，后面1部）。舰上共分为10个作战部门，即：作战、航空、航海、武器、轮机、医务、牙医、供应、安全和飞机维修，每个部门又下设若干个分队，全舰编制5480人，其中舰员2930人，空勤2480人，航母战斗群司令部人员70人。现在其舰载机联队为“标准型”配置。由于航母上载舰员人数众多，各种生活配套设施也十分完备，共设有1座海上医院，65张住院病床，6个手术室；4个百货商店，1个邮局，2个理发室，1个洗衣房等。航母上还装有2400部电话，后来还加装了互联网终端，可以收看6个频道的有线电视节目。

1987年至1991年该级舰按计划进行了“延长服役计划”改装，以将服役期延长15年。具体时间为：“小鹰”号于1987年11月至1990年5月；“星座”号于1989年12月至1992年6月；“美国”号于1994年至1996年。

第1艘“小鹰”号原是作为重型攻击航空母舰设计建造的，一直在太平洋舰队服役，长期以圣迭戈海军基地为母港，参加过越战，多次前往西太平洋和海湾执勤，1973年改装为多用途航母。1998年7月接替退役的“独立”号航母部署至日本横须贺，常驻西太平洋。目前，该舰由美海军第7舰队第5航母大队司令指挥，搭载第5舰载航空联队，装备各型舰载机76架，包括F-14战斗机14架、F/A-18战斗/攻击机36架、EA-6B电子战机和E-2C预警机各4架、S-3B反潜机8架、SH-60F反潜直升机6架、HH-60H救援直升机和ES-3电子侦察机各2架。2004年，陈水扁就职期间，“小鹰”号保持24小时内可以驰援台湾的战略威慑。2007年11月23日，在访问香港被拒后，经由台湾海峡返回横须贺。2008年3月20日，监视中国附近海域，之后最后一次造访香港。2008年5月28日，“乔治·华盛顿”号航母接替了它的使命，“小鹰”号离开横须贺，之后造访关岛和夏威夷，并参加了第21届环太平洋演习。

同级第2艘“星座”号1961年10月27日加入太平洋舰队服役，性能与“小鹰”号一样。1964年8月4日美军挑起“北部湾”事件后，“星座”号航母于次日出动舰载机轰炸北越，是美军发动全面侵越战争后第1艘参战的攻击航母。此后，“星座”号于1975年改装为多用途航母，1990年至1993年完成了延长服役期的改装，并计划于2003年退役。完成改装后，该舰依然隶属于太平洋舰队，舰上搭载第2舰载航空联队，装备各型舰载机76架，通常由2艘导弹巡洋舰、3艘驱逐舰、1艘导弹护卫舰、2艘核潜艇和1艘快速战斗补给舰担负护航。

2003年伊拉克战争期间，“小鹰”号和“星座”号一同参战，被部署在波斯湾海面，舰载机以每晚80到100架次的出动频率对伊拉克境内军事目标进行打击。

同级第3艘“美国”号1965年1月服役，于1968年、1970年和1973年3次受命部署于东京湾参加越战。20世纪70年代末，“美国”号进行了服役以来最广泛的大修，“小猎犬”导弹被拆除，换上了“海麻雀”防空导弹，安装了“密集阵”近防系统，该系统也是首次被安装在航母上，SPS-43雷达被新型SPS-49所代替；安装了一套用来接收所有通信卫星和同步卫星信息的气象卫星系统，作为新的空中交通控制显示系统。还增加了4套两用加油接收站。1980年前7次在地中海活动。1986年3月24日在与利比亚的军事冲突中，击沉了1艘利比亚导弹艇。4月15日和“珊瑚海”号航母以及美国空军一起攻击了利比亚的班加西和的黎波里两个城市中的目标。后于1991年1月参加海湾战争。

同级第4艘“肯尼迪”号是美国建造的最后1艘常规动力航空母舰，以美国第35任总统约翰·F.肯尼迪命名，母港设在美国东海岸佛罗里达州的赫伯特海军基地。该舰最初计划设计为核动力航母，最后因为代价昂贵取消。纽波纽斯船厂于1964年至1967年建造，1968年9月加入大西洋舰队服役。与前3艘同级舰相比，“肯尼迪”号的机库和飞行甲板布置都有改进，斜角飞行甲板由倾斜11度20分

■ “小鹰”号（CV-63）于2008年4月28日访问香港时摄于维多利亚港区。

改为11度，机库由长225米、宽30米改为长210米、宽32米，结构更趋合理，满载排水量减至80940吨。该舰曾参加了对古巴的海上封锁，并于1990年9月14日至1991年3月12日连续6个月部署在波斯湾，是参加海湾战争时间最长的美国航母。1993年至1995年9月进行了延长服役期改装，之后转入海军后备队，担任训练航母，2000年又回到大西洋舰队转为现役航母，成为美国海军唯一一艘训练航母，主要用于训练航母舰载机飞行员，同时可以进行现役部署，执行作战任务，计划2018年退役。

2009年1月31日，一直部署在日本神奈川县美军横须贺基地的“小鹰”号常规动力航母在美国华盛顿州布雷默顿港举行了退役仪式，正式结束了长达约半个世纪的服役期。至此，美国海军拥有的航母已全部为核动力航母。其他3艘同级航母先行退役后，命运也不完全相同。1996年退役的“美国”号已被当做试验品炸沉。2003年8月退役的“星座”号暂时封存。而“肯尼迪”号作为唯一一艘训练航母又继续服役7年之后，于2007年3月22日退役封存。

小鹰级大型航空母舰的建造信息与数据性能

舰名	舷号	开工	下水	服役	退役
小鹰Kitty Hawk	CV-63	1956.12	1960.5	1961.4	2009.1
星座Constellation	CV-64	1957.9	1960.10	1961.10	2003.8
美国Ameriea	CV-66	1961.1	1964.2	1965.1	1996.8
约翰·F.肯尼迪 John F Kennedy	CV-67	1964.10	1967.5	1968.9	2003.8

标准排水量：60100吨（CV-63、CV-64），60300吨（CV-66），61000吨（CV-67）

满载排水量：81123吨（CV-63），81773吨（CV-64），79724吨（CV-66），80941吨（CV-67）

主尺度：总长323.6米（CV-63）、326.9米（CV-64）、319.3米（CV-66）、320.6米（CV-67），舰体宽39.6米，吃水11.4米，飞行甲板：长318.8米，宽76.8米

弹射器：4座C-13型或C13-1型

动力：8台福斯特－韦勒（Foster—Wheeler）锅炉；4台威斯汀豪斯（Westinghouse）蒸汽轮机，280000马力；4轴

航速：32节

续航力：12000海里／20节，4000海里／30节

舰员：2930名，其中军官155名；航空人员2480名，其中军官320名；旗舰人员70名，其中军官25名

武备：3座Mk29 8联装“北约海麻雀”对空导弹；3座Mk15“密集阵”近防炮

对抗措施：4座Mk36 SRBOC 6管红外曳光弹和干扰箔条弹发射器；水面舰艇鱼雷防御系统（SSTDS）；SLQ36“水精”(Nixie) 电声干扰器

电子支援／对抗：SLQ32（V）4雷达告警、干扰和欺骗系统

作战数据系统：海军战术和先进战斗指挥系统（ACDS 1型）；4A、11、14、

16号数据链；JOTS，POST，CVIC，TESS UMM-1（V）1，SSQ-82，卫星通信系统（SATCOMS）SRR-1，WSC 3（UHF），WSC-6（SHF），USC-38（EHF）

雷达：SPS48E三座标对空雷达；SPS49（V）5对空雷达；Mk23TAS对空雷达；SPS67对海雷达；SPN41飞机进场控制雷达；SPN43A飞机进场控制雷达；SPN46飞机进场控制雷达；SPS64（V）9导航雷达；Mk95火控雷达；URN25战术空中导航

声呐：SQS23（CV66-67）

舰载机：一般配备20架F-14“雄猫”，36架F／A-18“大黄蜂”，4架EA-6B“徘徊者”，9架E-2C“鹰眼”，8架S-3A／B“北欧海盗”，4架SH-60F和2架HH-60H“海鹰”

单艘造价：2.5—2.8亿美元（1956—1968年）

■ “小鹰”号（CV-63）上的战情中心管制席一隅。

“企业”号大型核动力航空母舰

■ 航抵珍珠港的“企业”号(CVN-65)，照片摄于1984年6月。

20世纪50年代，美国海军在制造完成全部4艘福莱斯特级航母和前2艘小鹰级航母之后，着手制订了一项建造核动力航母的计划，“企业”号（Enterprise）便应运而生了。

在军事科技方面领先世界的美国在20世纪50年代初就开始研究核动力作战舰艇。1954年，第1艘核动力潜艇“鹦鹉螺”号正式加入现役后，美国海军又把目光盯到功率更大的核反应堆上，打算用它来供大型水面舰只使用。1957年，全世界第1艘核动力水面舰艇——美国海军“长滩”号核动力导弹巡洋舰动工之后，发展核动力航母的计划正式提上日程。1958年财政年度，美国海军订购了1艘核动力攻击航空母舰，该舰命名为“企业”号。

“企业”号（Enterprise）是美国海军史

上名声最为显赫的舰名之一，预定舷号"CV-65"的核动力航母将是第8次使用这个名字的美军战舰。历史上最著名的"企业"号，莫过于二次大战时代的"企业"号（CV-6）（第7次使用此舰名）航空母舰，即第2艘约克城级航空母舰，它于1938年开始服役，在太平洋战争中除了错过1942年5月珊瑚海海战外，参加了太平洋战争中的每一场美日航空母舰对决和绝大部分的大规模两栖登陆作战，尤其是在局势最艰难的1942年更是从未缺席，甚至在该年年底一度成为美军在太平洋上唯一一艘航空母舰。将第1艘核动力航母命名为"企业"号，美国海军对核动力航母划时代意义的重视程度可见一斑。

美国海军之所以不惜巨资建造核动力航母，原因很多。首先，从战略方面考虑，核动力航母采用核燃料，能够长时间高速航行，途中不必补充燃料，因而具有快速到达世界任何海域的能力，在发生战争冲突时，具备比常规动力航母更为杰出的机动能力，能够以最快速度，在最短时间内赶到战场，具有无可比拟的战略价值。其次，从战术角度看，核动力航母相对常规动力航母，其核动力还具备以下优势：(1) 由于核动力设备受燃料储存消耗的影响远小于常规动力设备，因此具备了几乎无限的续航力，有更大的战术机动性和独立行动的自由，从而可扩大攻击范围，增加攻击效果。(2) 由于核动力航母

■ 正从旧金山金门大桥下驶过的"企业"号（CVN-65）航母。

■ 全速航行中的“企业”号（CVN-65），时为1986年2月。

本身不需要燃油，节省下来的大量空间可用来装载更多的航空燃料、武备等，单单核动力节省下来的锅炉、燃油空间，就可使航空燃油的装载量从常规动力航母的 6000 吨增加到 11000 吨，航空炸弹存储量大约也可增加 50%。因而还大大减轻了对海外基地的依赖，减少了对后勤支援的需求。而常规动力航母无法满足这一要求。(3) 核动力航母由于不排放腐蚀性气体，减少了舰体、设备和飞机的维修工作量，节省了人力。(4) 核动力变速快，有利于飞机起飞；它无需烟囱和排除烟气，这就有利于飞机着舰。(5) 从防御角度来说，“岛式”上层建筑减少后，受攻击的范围也减少了，而且能使雷达天线得到更合理的配置，并提高舰上防化、防细菌和防辐射的能力。

1958年2月4日，“企业”号核动力航母在美国纽波特纽斯造船厂正式动工建造，1960年9月24日下水，1961年11月25日服役，正式加入美国海军太平洋舰队。“企业”号的正式问世，使建造“全核舰队”的呼声在美国海军越来越高，“企业”号后续舰的建造似乎只是时间问题。然而，巨大的“企业号”核动力航母有一个突出的缺点：造价高达4.51亿美元，是第1艘福莱斯特级航空母舰造价的2倍。而且在服役初期，还发现了存在的其他一些问题。

首先，“企业”号虽然不用经常维修，但燃料和武备的增加就意味着需要配备更多的舰员，新型核动力航母对舰员的专业水平要

全速航行中的“企业”号（CVN-65），时为1986年2月。

■ “企业”号（CVN-65）与补给舰T-AOE 6的航行编队。由于采用核动力而未搭载油舱，所以“企业”号不具备给伴随护航的僚舰进行海上加油的能力，从而间接地限制了航母编队的活动能力。

求也比常规动力航母更高。其次，由于核动力航空母舰长时间高速航行的能力大大超过常规动力导弹驱逐舰和导弹巡洋舰，在航渡中等待油船给护航舰只加油，就有遭到潜艇或舰对舰导弹攻击的严重危险。原先以油为燃料的常规动力航母可以在航渡中为它的护航舰只加油，而核动力航母没有装载燃油，无法为护航舰只加油。因此为核动力航母护航的舰只也必须是核动力舰艇，才能组成新的核动力航母编队一起行动。而核动力价格偏高，这就意味着不仅核动力航母本身造价偏高，要组成相应的核动力航母编队造价也因之水涨船高。

由于代价昂贵，美国国会没有同意在1959年或者1960年财政年度拨款建造另一艘这样的航空母舰。因此，美国海军在20世纪60年代并未继续建造“企业”号同型舰，代之以采用传统动力而便宜得多的小鹰级航空母舰，以填补“企业”号与下一代核动力航空母舰（即后来的尼米兹级）的空隙，后者的造价只比“企业”号的一半多一点，“企业”号因此成了本级中的孤家寡人。美国海军航母的全面核动力化也就此搁置了。

“企业”号的外型与福莱斯特级、小鹰级常规动力航母的型线相同，没有火炮。飞行甲板构型沿用自小鹰级航空母舰起所定下的规格，也就是成为美国现代航空母舰标准的飞行甲板设计，共拥有4座侧舷升降机、4条MK-7拦截索以及4具长94.5米的C13-l型蒸汽弹射器。它与后两者最明显的区别在于它专门为平面列阵雷达天线设计的方形上层建筑，这种结构紧凑的设计使舰桥的各面都能安装扁形天线，在舰桥圆形涡纹建筑的顶部则安装了固定天线。一个圆形天线阵和 4 个平面天线阵能有效进行360度全方位探测。

“企业”号与过去常规动力航母最大的区别就在于它的核动力装置。全舰采用的8座A2W反应堆，使这艘巨舰的最大航速达到35节。当它采用全速航行时，续航力达l4万海里；采用20节航速航行时，续航力为40万海里，相当于绕地球13圈。采用核动力装置大大节省了原动力舱室空间，为舰员提供了更加宽敞舒适的居住条件，增大了武备弹药及给养的储备。但是第一代的A2W反应炉很不完善，只能输出35000马力，为了让“企业”号能达到30节航速，总共装置了8座A2W反应炉，每2座并联驱动一个螺旋桨。这种设计十分浪费空间，导致“企业”号舰身中段几乎被轮机设备占满。“企业”号一度是全世界排水量最大的航空母舰，虽然此一地位已经被尼米兹级取代，但至今它仍然是全世界船身最长的航空母舰。

“企业”号装有电子计算机数据处理系统。该系统负责整理和处理来自本舰雷达、护航舰只、飞机以及其他来源的信息，并将其自动传输给其他舰只，使整个特混舰队像1艘军舰那样协调一致地行动。这一系统能够使特混舰队指挥官迅速分析多种威胁的轻重缓急，采取措施防御最危险的袭击。战术通信导航系统是保障空中作战的重要电子设备，它利用信标向飞机传递距离和方位，大大简化了飞机在执行任务后寻找母舰的过程。

此外，它的航空支援能力及结构方面也有不少独到之处，舰上取消了常规动力所需的粗大而笨重的进气管道和烟囱，有着较大的甲板空间，以增加舰载机数量并能提高飞机在起降时的安全性。

1962年8月古巴导弹危机时，“企业”号曾参与美国海军封锁古巴的行动。

1964年5月，“企业”号与核动力巡洋舰“班布里奇”号（USS Banbridge CGN-25）、核动力导弹巡洋舰“长滩”号在欧洲地中海组成“全核武力”舰队，展开了名为“海轨行动”（Operation Sea Orbit）的环游全球巡航任务，途中无须加油和再补给，历时64天，总航程3万多海里，充分显示了核动力的巨大续航力。

在航行了20.7万海里之后，“企业”号于1964年11月第1次更换核燃料。“海轨行动”的成功，令全世界都见识到了核动力航母编队的优越性，美国第二代核动力航母的建造计划也重新开始酝酿。

1966年3月15日，“企业”号航母出访中国台湾。国民党政权领导人蒋介石应美国太平洋舰队司令官小格兰特·夏普将军的邀请，率领其长子“国防部长”蒋经国及14名陆海空三军高级官员访问了停泊在台湾水域的“企业”号航空母舰。在大约4个小时的访问中，蒋介石参观了军舰上的机库和修理库，包括生存设备及自动通信设备演示，还观看了舰队的飞行表演和火力展示。

1968年1月，美国海军电子侦察船“普韦布洛”号被朝鲜海军捕获，“企业”号受命前去朝鲜沿海进行军事威慑。

1969年1月14日，“企业”号在夏威夷发生意外失火爆炸事故。当时1架F-4“鬼怪”式战斗机在着舰时突然起火，诱发飞行甲板旁的9枚重磅炸弹爆炸，造成109人死伤，15架飞机毁伤的重大事故，飞行甲板被炸开5个大洞，不过在40分钟内火灾被控制，再过5分钟舰面恢复正常，回坞后只经过一般性修复即可重新执行任务，由此可见其生存能力之强。

1970年，企业号在航行了30万海里后，第2次更换核燃料。

1971年12月，以“企业”号为首的航母战斗群进入孟加拉湾，进行阻止孟加拉脱离巴基斯坦的活动。

越南战争期间，“企业”号上的飞机参与对越南目标的轰炸，这也是历史上核动力航空母舰第1次投入战争。1973年“企业”号进行越战中的一次空袭行动后，开始更换舰载机，以F-14A、S-3等新型战斗机取代原有的F-4等旧式舰载机。1975年2月，美军在越南兵败如山倒，当“企业”号接到参加代号为“快风行动”的西贡大撤退时，航母舰载机一共飞行了95架次。

1979年1月到1982年3月，“企业”号在进行为期38个月的现代化改装期间，第3次更换核燃料（此时航行里程为50万海里），拆除了“岛式”上层建筑顶部的圆锥形建筑及其上面的十字架式桅杆，换上了类似于尼米兹级的新式桅杆，同时将原来安装的AN/SPS-32，SPS-33相控阵雷达更换为新式SPS-48C三坐标雷达和SPS-49远程搜索雷达。原有的相控阵雷达天线布置在上层建筑的四角上，不过由于其造价昂贵维护保养困难，且占据空间，性能也落后，故被淘汰。此外还加装了3座“密集阵”近防系统，将原有的MK25“海麻雀”导弹换成MK29 8联装北约“海麻雀”。

1986年，“企业”号穿越苏伊士运河，从而成为历史上第1艘穿越运河的核动力航母。1988年4月，“企业”号航母战斗群执行第13次部署行动，奉命为波斯湾行驶的科威特油轮护航。在护航行动中，该航母舰载机与伊朗海军爆发了自朝鲜战争结束以来最激烈的战斗，结果其舰载第11联队的战机对伊朗海军造成了致命的打击。

1989年9月，老布什总统应菲律宾总统克拉松·阿基诺的请求，出动“企业”号航母进行了第14次部署行动，参加了代号为“传统解决”的行动，对试图政变的菲律宾反对派进行威慑。

1990年10月12日到1994年9月23日，“企业”号在纽波纽斯船厂进行现代化改装工程，并且第4次更换核燃料。在经过长达3年多的工程之后，于1995年年中重新投入使用。

1998 年12月16日，“企业”号航母战斗群参加了著名的“沙漠之狐”行动。先由该航母战斗群对伊拉克军事目标发射“战斧”式巡航导弹，然后其第3舰载机联队的战机对伊目标实施空袭打击。在70小时的战斗中，“企业”号航母战斗群先后发射了400余枚“战斧”巡航导弹，其舰载机一共投掷了675000磅炸弹。此次战斗结束后不久，航母战斗群又转道亚得里亚海，为科索沃战争做准备。直到1999年5月，“企业”号航母战斗群才得以返回母港。

2001年，第2次阿富汗战争爆发，“企业”号航母参加了针对塔利班目标的首波打击。

2003年3月，“企业”号航母参加伊拉克战争暨第2次海湾战争，与其他7个美军航母战斗群一起组成了史无前例的航母阵容。

2006年6月 “企业”号航母战斗群代表大西洋舰队，和其他2个航母战斗群，与空军和海军陆战队一同参加在关岛附近举行的大规模联合军事演习。同年7月18日，“企业”号抵达韩国釜山港，对韩国进行为期4天的访问。

2007年，美军为加速向信息化海战的转型而推出的最新一代多功能新概念航母被正式命名为“福特”号。一时之间，已经服役45年的第一代核动力航母“企业”号行将退役的传闻甚嚣尘上。但是，次年4月，美国诺斯罗普·格鲁曼公司（简称诺·格公司）与政府订立了一份价值4.533亿美元的合同，对“企业”号航母进行为期16个月的入坞延长可用

■ 航抵珍珠港的“企业”号(CVN-65)，照片摄于1984年6月。

性维修。

2009年，由于“企业”号未能如期完成维修和改装，媒体再度盛传美国海军将让“企业”号提前退役。实际上只是由于工程量较大，延期了7个月罢了。

在经过为期近两年的维护及改造之后，“企业”号终于驶出船坞，再次驰骋大洋。2010年4月12日，在系泊巡航演习中，“企业”号进行了模拟航行补给训练，模拟了海上燃料和干货补给。4月17日，“企业”号起航开始最新的海上测试，在19日返回诺福克海军基地的途中，按照美国海军的传统，“企业”号在桅杆上悬挂起扫把，这意味着全面胜利和海试成功。诺·格公司的“企业”号项目负责人戴维·朗称，“对于我们来说，‘企业’号意义非凡，它是美国首艘核动力航空母舰，此次维修将是它生涯中的精彩一页，在造船工人、该舰海军官兵的通力合作下，这艘有着48年舰龄的巨舰才得以重返海军，继续在全球执行重要任务”。

目前，美国海军主力航母是尼米兹级航母，其中的最新1艘（也是最后1艘）“乔治·H.W.布什”号已经加入现役，而新一代航母福特级正在建造。“企业”号在美国海军中，已经是名副其实的老爷舰，但其战斗力仍不可小觑。由于福特级航母计划进展不顺，电磁弹射试验遭受了重大失败。在这种背景下，“企业”号重新投入现役，至少能保住美国核动力航母集群的应有规模。

■ “企业”号（CVN-65）上的组员卧铺。

“企业”号大型核动力航空母舰的性能与数据

舰名	舷号	开工	下水	服役
企业Enterprise	CVN-65	1958.2	1960.9	1961.11

性能

轻载排水量：73502吨

标准排水量：75700吨

满载排水量：93970吨

主尺度：总长342.3米，吃水11.9米

飞行甲板：长331.6米，宽76.8米

弹射器：4座C13-1型

动力：8座威斯汀豪斯（Westinghouse）A2W压水堆，4台威斯汀豪斯蒸汽轮机，280000马力；4台应急柴油机，10720马力，4轴

航速：33节

舰员：3215名，其中军官171名；航空人员2480名，其中军官358名；旗舰人员70名，其中军官25名

武备：3座Mk29 8联装“北约海麻雀”对空导弹；3座Mk15“密集阵”近防炮

对抗措施：4座落Mk36 SRBOC6管红外线曳光弹和干扰箔条弹发射器；水面舰艇鱼雷防御系统（SSTDS）；SLQ36“水精”（Nixie）电声干扰器

电子支援/对抗：SLQ32（V）4警告、干扰和欺骗系统

作战数据系统：海军战术和先进战斗指挥系统（ACDS0型）4A、11、14号数据链；JOTS、POST、CVIC、TESS UMM-1（V）1、SSQ-82，卫星通信系统（SATCOMS）SRR-1、WSC-3（UHF）0、WSC-6（SHF）、USC-38（EHF）

雷达：SPS48E三座标对空雷达；SPS49（V）5对空雷达；Mk23TAS对海雷达；SPN41对海雷达；SPN43A对海雷达；SPN46对海雷达；SPS64（V）9导航雷达；Mk95火控雷达；URN25战术空中导航

舰载机：一般配备20架F-14“雄猫”，36架F/A-18“大黄蜂”，4架EA-6B“徘徊者”，4架E-2C“鹰眼”，8架S-3A/B“北欧海盗”、4架SH-60F和2架HH-60H“海鹰”直升机

尼米兹级大型核动力航空母舰

■ 参加1986年北约“北方婚礼”演习时的“尼米兹”号（CVN-68）航母。

在第1艘核动力航母“企业”号问世以后相当长一段时间里，由于核动力航母较常规动力航母建造成本太高，而且由于导弹的出现，大型航母的生存能力受到质疑，美国海军航母全面核动力化被一度搁置。但是“企业”号在服役期间显示出核动力航母的优越性能，全核动力航母战斗群航行也成功实现，使支持建造核动力航母的呼声再度高涨。受到怀疑使建造新一代核动力航母被重新提上美国海军的议事日程。1964年，随着越南战争的爆发，美国军界和国会都认识到，大型核动力航母确实具有更强大的作战能力和更高的费效比，新一代核动力航母的建造终于得以在1967年财政年度获得通过。

新一代核动力航母的首舰以二次大战中战功赫赫的美国海军五星上将切斯特·尼米兹的名字命名，这一级航母也就被通称为尼米兹级航母。

尼米兹级航母首舰“尼米兹”号造价高达18.8亿美元（1968年），于1968年6月22日由纽波特纽斯造船厂开工建造，1972年5月下水，1975年5月正式服役，预计2025年退役。由于该级航母设计成功，性能优越，美国海军决定大量建造，虽然其间经历过不少波折，最终总共10艘该级航母已经全部建成服役，成为美国二战之后建造数量最多的同级航空母舰。

尼米兹级航母的最大特点是舰体巨大。首舰“尼米兹”号舰长332.9米，舰宽40.8米，吃水11.3米，满载排水量91487吨。该级航母从第4艘“罗斯福”号以后，进行了一系列的改进，排水量有所增加，“罗斯福”号达到了96400吨左右，而第5艘“林肯”号以后的各舰则都突破了10万吨大关，当之无愧地成为有史以来最大的战舰。

尼米兹级航母的舰型外观与福莱斯特级和“企业”号大同小异，机库甲板以下的舰体是整体的水密结构，由内外两层壳体组成。除外壳体的高强度舰壳板满足防御要求外，内壳体由防护装甲板组成一个装甲壳体，保护动力舱、油舱、弹药舱等重要部位。飞行甲板、吊舱甲板和机库甲板都有约50毫米厚的装甲钢板防护，水线以下的两舷侧设有4道纵隔壁的防雷结构，垂向分为8

■ 正在“尼米兹”号甲板上列队的勤务人员与机组成员。

层，沿舰体每12－13米设1道水密横隔壁，共23道水密横隔壁。另设10道防火隔壁。纵横向隔壁共将舰体分成2000多个水密隔舱，保证了舰体能够有效抗沉。

飞机甲板采用全封闭式设计，表面平坦宽阔，形状仿佛一个酒瓶，左右基本对称，整个飞行甲板包括着舰区、起飞区、停机区三大部分，长约332.9米，宽约76.8米。着舰区斜角甲板斜置于飞行甲板后部，与航空母舰中心线的夹角约为12度。飞行甲板下方设有机库，机库宽敞高大，长208米，宽33米，净高7.6米。机库甲板以上共分9层，飞行甲板以下为4层，飞行甲板以上“岛式”上层建筑为5层。机库和飞行甲板之间为吊舱甲板，布置有航空联队的办公区和作战指挥舱室。机库不仅是飞机停放的场所，而且是舰载机检修、加油、供氧、供压缩空气及飞行前准备、飞行后维护等工作的场所，机库内还有完善的自动消防系统和起重机、牵引车等设备。在机库的后方是飞机发动机维修间，可以对各种发动机进行各种等级的维修。为了把舰载机从机库中提升到飞行甲板上，舰上还设置了4部大型升降机，全都设置在航空母舰的侧舷，左舷有1部，右舷有3部，可以在1

■ 掠过“尼米兹”号航母上空的A-7“北欧海盗”式舰载攻击机。

■ 正从“尼米兹”号甲板上弹射起飞的F/A-18战斗机。

分钟之内把飞机从机库提升到飞行甲板或从飞行甲板放回机库。左舷其余部分布置办公室、控制室、通道等。

与小鹰级和“企业”号相同，尼米兹级的飞行甲板上也设有4部C13-1型蒸汽弹射器用于舰载机起飞，其中2部设在舰艏，另2部设置在斜角甲板的前部。每部弹射器隔20秒就可以弹射1架飞机，4部弹射器同时使用1分钟就可以弹射12架飞机。C13-1型弹射器能量很大，可以把舰上最重的飞机（重约30吨）以每小时360千米的速度弹射出去，保证舰载机在不到100米的距离上起飞。斜角甲板横向设置了4条拦阻索，在飞机着舰时，用尾钩勾住其中1根拦阻索，拦阻索把飞机着舰时的巨大能量传递到缓冲器上，缓冲器把这些能量全部吸收，使飞机在滑行60－90米之后完全停下来。在第4条拦阻索之前还设有一个拦阻网，拦阻网平时是倒置的，只有在飞机无法使用拦阻索时或使用拦阻索无法降落时才会竖起，成为飞机安全着舰的最后保障。依靠这一套拦阻索装置，尼米兹级航母每隔35－40秒就能让一架飞机降落。

“尼米兹”号航母的核动力推进装置比“企业”号更为先进简便。2座通用动力公司的A4W/AIG型冷却压水反应堆就达到“企业”号8座A2W型核反应堆的28万马力，最高航速30节以上，更换1次核燃料可连续运行13年，续航力达80－100万海里。还装有8台涡轮蒸汽发电机，每个涡轮蒸汽发电机的功率为8000KW，总功率可以满足10万人城市的用电需要。4台海水淡化装置每天为尼米兹级航空母舰提供1818440升淡水。一般情况下，舰上备有供其人员消耗90天的食品和生活必需品。

大型航空母舰由于体积庞大，目标明显，自身的防御能力一直都是一个重要课题，而标准排水量超过75000万吨的尼米兹级在新时代一样要面对这个问题。美国海军在建造新一代大型航母时，认为航空母舰最大的敌人是现代化的反舰导弹潜射鱼雷，因此，尼米兹级航母在设计时充分考虑了这些威胁。其2舷从舰底到机库的甲板都是双层船体结构，双层船体之间用“X”形的构件连接，导弹或鱼雷在击中舰体时，产生的冲击或破坏能量可以通过外层舰体和“X”形构件的变形来吸收，尽量减少对舰体内部的破坏，保护内部如弹药库、航空燃料舱、核反应堆等关键部位的安全。舰体和甲板都是用优质的高强度合金钢材料制成，舰舷的某些部位的钢板厚度达到63.5毫米，可以有效地抵御反舰导弹上的半穿甲弹头的攻击。该级舰从第4艘“罗斯福”号开始，加强了对水下攻击的防御，增厚了水下部位的装甲，设置了多层防雷隔舱，大大增强了舰体对水、鱼雷攻击的防御能力，这也是造成后来建成的几艘尼米兹级航母排水量增大的一个主要原因。尼米兹级航母自身防御的另一个重要措施是设置了大量先进的防火消防设施、三防设施，还安装了能在短时间内校正由于破损引起的舰体倾斜的补偿复原系统。

舰岛是航空母舰电子设备天线的安装基座，核动力航母比常规动力航母的舰桥要小得多，没有烟囱，占用甲板面积很小，有利于舰载机在飞行甲板上作业。航空管制桥位于舰岛的最上层，其下是航海舰桥，再下是编队司令舰桥。各种电子设备舱室和飞行甲板作业设备的支援舱室也都布置在舰岛内。舰上还有广播站、电影厅、邮电所、百货商店、服装店、理发店、冷饮店，仅照明灯就有29184盏。参观过这艘军舰的人，都用“海上巨兽”来形容它。

“尼米兹”号加入现役后，被编入大西洋舰队，母港为东海岸的诺福克港。1981年5月25日深夜，“尼米兹”号在美国佛罗里达州杰克森维尔以东70海里的大西洋洋面上进行例行演习时，发生了一起严重的坠机爆炸事件，共使14人丧生，42人受伤，另有11架飞机被毁或被烧伤。仅飞机一项就损失了5345万美元，其他设备与财产损失达448万美元。这次事件造成的人员伤亡之多，飞机、设备损失之大，是美国海军航空史上绝无仅有的。鉴于这次事故，“尼米兹”号采取了一系列改善措施，以防止重大事故的再次发生。1987年，“尼米兹”号转入太平洋舰队，母港设在布雷默顿。1997年9月5日至1998年2月28日，该舰在隶属太平洋舰队期间，搭载第9舰载航空联队，从美国西海岸的圣迭戈出发。横跨太平洋和印度洋，在炎热的波斯湾执勤3个月，参加了对伊拉克的“沙漠之狐”空袭作战，然后又穿越红海、苏伊士运河、

■ 参加1986年北约“北方婚礼”演习时的“尼米兹”号（CVN-68）航母。

■ 航行中的“尼米兹”号（CVN-68），由左后舷拍摄的特写。

■ 由拖船协助正要驶离诺福克港第11号码头的“艾森豪威尔”号（CVN-69），1994年9月14日。

地中海和大西洋，抵达美国东海岸的梅波特海军基地，在175天内环球航行一周。随后于1998年3月进入诺福克的纽波特纽斯造船厂进行历时3年的大修，2002年重新服役。2010年2月，“尼米兹”号航母访问中国香港，使国人有机会在近距离欣赏这艘海上巨无霸的风采。

第2艘尼米兹级的巨型航母同样是以一位二战风云人物的名字来命名的，他就是欧洲盟军最高司令，后来成为总统的德怀特·艾森豪威尔。“艾森豪威尔”号（CVN69）1970年8月15日在纽波特纽斯船厂开工，1975年10月11日下水，1977年10月18日服役，预计2027 年退役。“艾森豪威尔”号航母现隶属大西洋舰队，搭载第7舰载机航空联队，母港为诺福克海军基地。性能与“尼米兹”号一致。海湾战争期间，服役以后大部分时间都只负责和平巡曳的“艾森豪威尔”号，首次负责实战任务，率先驶入红海。科索沃战争期间，该舰多次前往地中海和海湾执勤。2001年，“艾森豪威尔”号进入纽波特纽斯造船厂进行历时4年的大修，对航母的通信系统进行了升级改进，还建立了“综合通信和先进网络”（ICAN）。2005年10月，该舰重新投入使用，次年被派往海湾地区，对伊朗进行军事威慑。

第3艘尼米兹级航母以二战前坚定支持海军的众议院军事委员会主席卡尔·文森的名字命名。“文森”号1975年10月11日由美国纽波特纽斯造船公司开工建造，1980年3月15日下水，1982年3月13日服役，预计2032年退役。“文森”号现隶属太平洋舰队，一般搭载第11舰载机航空联队，母港是布雷默顿海军基地。性能与前两艘同级航母大同小异。曾多次部署在西太平洋和印度洋地区以及阿拉伯海，参加过对伊拉克的空袭作战。1999年7月，“文森”号返回军港进行为期11个月的整修。美国海军花费2.3亿美元对该航母进行装备的更新换代。2005年11月，该舰再度进行换装大修，前后历时3年多。2009年5月，完成大修之后，“文森”号抵达日本横须贺港进行访问，同时对北朝鲜实施军事威慑。2010年1月，“文森”号奉命前往经历严重地震的海地水域，执行救灾任务。同年3月，访问南美，期间与秘鲁海军进行了联合军事演习。

由于首批3艘的建造耗资太大，平均每艘约20亿美元之巨，因而美国国内在20世纪70年代围绕着是否还要继续建造大型核动力航母的问题展开了激烈争论。大型核动力航母的支持者始终坚持认为核动力航母是美国全球战略实现的重要支柱，不可缺少的威慑工具，只有大型核动力航母才能有效执行反舰、防空和反潜等多种任务，且具有强大的攻击力，超群的机动力和无限的续航能力，能在短时间内赶往冲突地区发挥作用。而小型航母虽然造价相对较低，但是无法完成海军担负的任务。经过激烈争论，最终美国国会于1979年批准尼米兹级后续舰继续建造。

■ “艾森豪威尔”号（CVN-69）上的第34中队飞行员正使用计算机设备作业，照片摄于1991年12月13日。当然，我们都看得出的是这位飞行员只不过是在给电脑重装系统之前进行普通的BIOS设置而已……

第4艘尼米兹级航母以美国第26任总统西奥多·罗斯福的名字命名。1981年10月31日，该舰在美国纽波特纽斯造船公司开工建造，1984年10月27日下水，1986年10月25日服役，预计2036年退役。“罗斯福”号航母现隶属大西洋舰队，搭载第8舰载航空联队，母港为诺福克海军基地。“罗斯福”号航母性能略有改进，满载排水量增加至96386吨。

“罗斯福”号航母与鼓吹扩张主义的西奥多·罗斯福一样富有“进攻性”。1991年1月12日，“罗斯福”号远程跋涉，到达红海阵位。海湾战争中，该舰上的飞机频繁起降，携各种导弹和激光制导炸弹对伊拉克进行狂轰滥炸。1999年3月下旬，科索沃战争期间，“罗斯福”号率领50多艘战舰蜂拥驶入亚德里亚海。3月25日凌晨，“罗斯福”号航母上的EA-6B电子干扰飞机，与从意大利基地起飞的ES-3A电子侦察机一起，对南联盟的指挥通信系统进行了电子战“软杀伤”。随后，“罗斯福”号航母麾下的13艘巡洋舰、驱逐舰和核潜艇一共发射了几百枚“战斧”巡航导弹上演了有史以来最大的“斧头”战。两周后的4月7日，从“罗斯福”号上起飞的24架“大黄蜂”式战斗机又疯狂地向南联盟扑去，多次向民用目标投掷被国际法禁止的集束炸弹，造成了南联盟平民的大量伤亡。2001年“9·11”恐怖袭击事件发生以后一周后的2001年9月19日，“罗斯福”号航母接到战斗出动命令，从美国本土驶向阿拉伯海。此后，“罗斯福”号一直在阿拉伯海上航行，执行对阿富汗的空袭任务。其间，“罗斯福”号上的舰载飞机每天出动60－80架次，飞机起降作业时间长达14个小时。在第2次阿富汗战争期间，“罗斯福”号航母连续5个多月没有在任何军港抛锚，在海上持续航行了153天后，打破了1980年，“艾森豪威尔”号在海上连续航行152天的纪录。2003年，“罗斯福”号和同级的“杜鲁门”号和“林肯”号一同参加了伊拉克战争，对伊拉克境内军事和民用目标实施打击。2009年3月，“罗斯福”号再次来到阿拉伯海，参加“和平－09”海上多国联合军事演习。

第5艘“林肯”号的性能在“罗斯福”号的基础上得到进一步改进，载2900吨航空弹药和350万加仑航空汽油后，满载排水量达到102000吨，是世界上第1艘超过10万吨的航空母舰。该舰1989年服役，先部署在大西洋舰队，1990年转入太平洋舰队，母港由诺福克移至华盛顿州的埃弗雷特。目前搭载第14舰载航空联队，装备各型飞机78架，配属2艘导弹巡洋舰、6艘驱逐舰、2艘护卫舰、1艘核潜艇和3艘后勤舰。1993年4月28日，第一位女性的F-14“雄猫”式战斗机飞行员卡拉·休特格林（Kara Hultgreen）加入该舰舰载机联队服役，“林肯”号成为有史以来第1艘接纳女性飞行员的航空母舰。1993年10月，“林肯”号前往索马里的沿海地区，以协助联合国在当地的人道主义救援任务。2001年第2次阿富汗战争期间，“林肯”号首次参战。次年即被派往波斯湾执勤，每天出动舰载机对伊

■ “罗斯福”号（CVN-71）进行海面震波测试，1987年9月19日。

■ “罗斯福”号（CVN-71）泊于诺福克港第11号码头，1990年4月19日。

拉克进行空中监视和封锁。伊拉克战争爆发以后，“林肯”号协同多艘友舰对伊拉克实施持续空中打击，舰载机联队参与了约16500次的飞行架次，并投射了160万磅的弹药。2004年10月至2005年初，“林肯”号前往东南亚救助遭受“印度洋海啸地震”灾难的印度尼西亚。2006年3月，与日本海上自卫队在日本海域进行为期两天的联合军事演习。2009年4月，“林肯”号进行为期9个月的维护保养之后，于2010年1月进行海试。

第6艘“华盛顿”号航母以美国开国总统乔治·华盛顿命名，性能与“林肯”号一样，1992年服役，隶属大西洋舰队，母港为诺福克海军基地。后被编入第2巡洋舰驱逐舰大队，搭载第17舰载航空联队，装备各型飞机78架，由导弹巡洋舰“诺曼底”号、驱逐舰“布里斯科”号和“加农”号、护卫舰“辛普森”号、核潜艇“安纳波利斯”号和“阿尔巴尼”号、快速战斗支援舰“供应”号担负护航。“华盛顿”号参加了2003年的伊拉克战争，其舰载飞机主要负责攻击伊拉克北部的伊军地面部队，2008年9月25日进驻日本横须贺军港，成为实施美国亚太战略的重要力量。

第7艘“斯坦尼斯”号航母以著名的“现代美国海军之父”参议员约翰·斯坦尼斯的名字命名，于1995年12月服役，是美海军第1艘装备IT-21“21世纪信息技术”系统，实现网络化的现代航空母舰。该舰的核动力装置得到进一步改进，一次加注核燃料可连续运行23年，因此在45－50年的服役期内只需要更换一次核燃料。该舰加入现役后先部署在大西洋舰队，1998年8月转入太平洋舰队，母港也由梅波特移至圣地亚哥海军基地。2000年上半年，该舰搭载第9舰载航空联队各型飞机74架，首次前往西太平洋和波斯湾进行为期6个月的海外执勤。2007年2月19日，“斯坦尼斯”号航母进入波斯湾，加入了由“艾森豪威尔”号核动力航母为旗舰的美国第五舰队，加强美国在中东的军事力量。2009年3月至2010年4月，“斯坦尼斯”号航母在普吉特·桑德海军造船厂进行大修，此次大修预计耗资1.37亿美元，将对包括推进器和飞机弹射器与阻拦装置的维修，雷达和通信系统也将进行升级。

第8艘“杜鲁门”号为美国海军20世纪最后服役的航母，造价高达45亿美元。该舰以美国第33任总统命名，1993年至1996年建造，1998年7月服役，隶属大西洋舰队，母港为诺福克海军基地，由第2航母大队司令指挥，搭载第3舰载航空联队的飞机74架。

第9艘“里根”号为美国海军在新世纪（21世纪）服役的第1艘航母，1984年2月9日开工，2001年3月5日凌晨 3 时（北京时间）下水，2002年12月31日服役。“里根”号在设计上进行了约1300多项重大变化，首次采用球鼻舰艏以提高航速并增加稳定性；飞行甲板的角度也进行了调整，能够同时弹射4架作战飞机；回收飞机的拦阻索从4条减为3条，增加了飞行甲板的使用面积。岛型建筑的尾段新增了一个武器专用升降机，以提高作战时的武器运送效率；桅杆上的雷达天线经过重新排列，适应更多的雷达和通信系统安装。更重要的变化是“里根”号的岛型结构没有沿用之前的同级设计，自20世纪60年代初以来首次有了变化。新的航母岛型首次采用了3D模型设计，建筑重量虽然与以前相比没有变化，但占用甲板面积减少。除了重新设计的舰型结构外，“里根”号还设有许多针对飞机和舰船及电子设备的维修站，装备了连通全舰的光纤网络，搭载美国海军第11舰载机联队的85架飞机。

2009年1月10日，第10艘，也是最后1艘尼米兹级航母“布什”号（CVN-77）正式开始服役，该舰耗资62亿美元，被美国海军视为承上启下，为未来美国海军的航母积累经验，并提供一个可供实验的平台的航母。本书也将对该舰进行重点介绍。

“布什”号保留了尼米兹级航母的基本设计与构造（包括舰体与动力系统），但研发并采用了未来福特级航母所应用的相关科技，将在“布什”号航母上整合、试用和改进，再运用于福特级航母。美国海军根据新的作战任务，借助互联网的成功经验提出了一种新的作战指导思想——网络中心战。

网络中心战就是利用计算机网络对部队实施统一的作战指挥。其核心就是利用网络将地理上分散的各部队、各种武器联系起

■ 正在进行舰载机弹射作业的“杜鲁门”号（CVN-75）航空母舰。

■ 吊装中的“布什”号（CVN-77）航母的4个巨型螺旋桨之一。

来，实现信息共享，实时掌握战场动态，缩短决策时间，减少决策失误，以便对敌人实施快速、精确、连续的打击。其特点就是在各部队之间、各作战平台之间高速度、大容量、远距离地实施实时的数据交换。而航母得天独厚的条件，无疑将成为未来网络中心战的重要组成部分。为此美海军决心将“布什”号打造成网络中心战的一个试验中心。

“布什”号设计和装备了全新的指挥、通信、计算机和控制系统（C4I），以光纤缆线联结全舰16个“通信结点”，构成一个系统与系统、装备与装备间大容量、高速度的通信网络。经过整合能将音频与视频资料，以及各种侦察器材获得的数据资讯，在各个作战平台之间瞬间传递和展现。而此系统所需的硬件与软件，都将采用现成的商用产品，以便能随着信息工业的硬件与软件快速发展而易于更新，及时提升航母的信息战能力。为提高航母自身获取信息的能力，进一步改进了现有的E-2C预警机系统。新的预警机系统安装了协同作战处理器和数据分配系统，以及重量轻、功耗小的相控阵通信天线等先进装备，强化了信息获取和信息传递的能力。“布什”号航母以及未来的福特级航母等将成为一个功能强大的信息指挥中心，将以往各个分散的作战平台整合成一个分布式的探测和攻击系统，显著提高舰队的作战效能，不但使航母作战群能够攻击自海岸至内陆数千千米纵深的目标，而且还能为内陆纵深的地面部队提供空中保护。

飞行甲板的布置与舰载机运作的效率密切相关。美国的航母设计者在进行了大量

■ 安装到位的螺旋桨。

■ 建造中的“布什”号（CVN-77）航空母舰。

■ 建造人员在尚未建成的航母上升起美国国旗。

的数据分析之后发现，航母在进行回收舰载机时，必须逆风航行。舰载机在着舰时，由于着舰甲板为飞行甲板上的斜向甲板，与航母的航向存在着角度，因此舰载机降落于甲板时会受到侧风的影响。而该角度越小，所受侧风影响愈小，能大幅降低舰载机着舰的难度，进而降低事故发生率。为了使舰载机易于着舰和安全着舰，着舰甲板应与起飞甲板平行，或两者之夹角应尽可能小。为了运作效率与配合着舰甲板和起飞甲板平行，舰艏右舷的1号升降机取消，而将2号升降机加大，设置于创新的两个小型舰桥之间；舰艉右舷的3号升降机取消，改为设置于飞行甲板前段中轴、飞机弹射器的后方；舰艉左舷的4号升降机，改为设置于飞行甲板尾端中央。这样既可改善恶劣海况下的操作安全性，又可在靠泊码头时，提供装卸补给的宽阔通道，这些改进都能增进运作效率，减少航母的操作人员。

“布什”号还采用了太空科技材质的折流屏。装置于弹射器的后方的折流屏是飞机弹射器的必备附件，由背面布满循环冷却水管的耐高温、高强度大型平面钢板构成。以前采用的折流屏具有复杂的管路和水泵系统，输送海水进行冷却和竖立、放平折流屏，不仅容易锈蚀、故障较多，而且其耐高温钢板也不能久耐飞机燃气喷流，因此需要大量维修和换件作业的装备。新的折流屏以防护宇宙飞船重返地球的太空瓦材料制成，质轻且散热迅速，不仅省却了复杂的管路与水泵系统，而且维修简便。

为了减少航母上的操作人员，“布什”号航母尽可能采用自动化的操作器材和装备。例如，原先需要9名操作人员共同作业才能在飞行甲板上将炸弹挂载到舰载机上，“布什”号采用了依据“仿生科技”原理新近研制的液压起重装备，遵循操作人员的手部动作自行将弹药挂装于飞机上，只要1名操作员就可轻易地胜任过去需要9人完成的工作。此外，“布什”号的航母甲板上还安装了最新研制的开启升降机与燃油供应装置形成“核心站”的小型甲板结构，简化了舰载机的装弹和加油程序。

为了大幅降低新航母的雷达截面，“布什”号航母将尼米兹级航母高约30米的传统舰桥，改为两个矮小的新型舰桥：飞行甲板右舷前段的舰桥负责与海上航行相关的作业；飞行甲板右舷后段的另一个舰桥负责舰载机管理的相关操作。舰岛的外形由四边形改为多边形，大量使用复合材料，以降低航母的雷达信号特征。主动式相控阵多功能天线取代了原先众多的各型雷达与通信天线，而且全部实现内置化，安装于舰桥的平板内壁，使得建筑物外表整洁光滑，这两项改进，将使“布什”号（CVN-77）航母的雷达截面大幅减少，从而使它具有“准隐匿性”。

尼米兹级大型核动力航空母舰的性能与数据

舰名	舷号	开工	下水	服役
尼米兹 Nimitz	CVN-68	1968.6	1972.5	1975.5
德怀特·D.艾森豪威尔 Dwight D Eisenhower	CVN-69	1970.8	1975.10	1977.10
卡尔·文森 Carl Vinson	CVN-70	1975.10	1980.3	1982.3
西奥多·罗斯福 Theodore Roosevelt	CVN-71	1981.10	1984.10	1986.10
亚伯拉罕·林肯 Abraham Lincoln	CVN-72	1984.11	1988.2	1989.11
乔治·华盛顿 George Washington	CVN-73	1986.8	1990.7	1992.7
约翰·C.斯坦尼斯 John C Stennis	CVN-74	1991.3	1993.11	1995.12
哈里·S.杜鲁门 Harry S.Truman	CVN-75	1993.11	1996.9	1998.7
罗纳德·里根 Ronald Reagan	CVN-76	1998.2	2000.3	2002.12
乔治·H.W.布什 George H.W. Bush	CVN-77	2001.12	2006.10	2009.1

性能

轻载排水量：72916吨（CVN-68—70），73973吨（CVN-71）

满载排水量：91487吨（CVN-68—70），96386吨（CVN-71），102000吨（CVN-72—74）

主尺度：总长332.9米，垂线间长317米，舰体宽40.8米，吃水11.3米

飞行甲板：长332.9米（斜角甲板长237.7米），宽76.8米

弹射器：4座C13-1型

动力：2座A4W／A1G压水堆，4台蒸汽轮机，260000马力；4台应急柴油机，10720马力，4轴

■ “尼米兹”号（CVN-68）的对空雷达管制席。

航速：30节

舰员：3184名，其中军官203名；航空人员2800名，其中军官366名；旗舰人员70名，其中军官25名

武备：3座Mk29 8联装“北约海麻雀”对空导弹，3座Mk15 “密集阵”近防炮（CVN-68、69，后继舰4座）；2座Mk32 3联装324毫米鱼雷发射管

对抗措施：4座Mk36 SRBOC 6管红外曳光弹和干扰箔条弹发射器；水面舰艇鱼雷防御系统（SSTDS）；SLQ36“水精”（Nixie）电声干扰器

电子支援/对抗：SLQ32（V）4告警、干扰和欺骗系统

作战数据系统：海军战术和先进战斗指挥系统（ACDS 0型或1型）；4A、11、14、16号数据链；JOTS，POST，CVIC，TESS UMM-1（V）1数据系列

雷达：ITT SPS48E三座标对空雷达；SPS49（v）5对空雷达；Mk23TAS对空雷达；SPS67V对海雷达；SPN41飞机进场控制雷达；SPN43B飞机进场控制雷达；SPN44飞机进场控制雷达；SPN4飞机进场控制雷达；SPS64（V）9导航雷达；Mk95火控雷达；URN25战术空中导航雷达

舰载机：一般配备20架F-14“雄猫”，36架F/A-18“大黄蜂”，4架EA-6B“徘徊者”，4架E-2C“鹰眼”，8架S-3A/B“北欧海盗”，4架SH-60F和2架HH-60H“海鹰”直升机

单艘造价：18.8亿美元（1968年），34亿美元（1990年）

莫斯科级直升机航母

■ 前苏联“莫斯科”号直升机航母空拍，甲板上搭载着卡-27反潜直升机，1982年3月1日。

俄罗斯，这个当今世界上版图最大的国家，我国的北方强邻，拥有338064千米的漫长海岸线（前苏联时期超过400000千米），然而大部分都处于常年永冻的北冰洋沿岸，只有地处温带的海岸才能用以发展海军。

当年与美国并列两大超级大国的前苏联，一直对航母魂牵梦绕。然而，在实现这个“航母梦”的道路上，由于种种原因，历尽坎坷，几度辉煌，终究难以与美国一较高下。前苏联解体之后，继承了其主要遗产的俄罗斯更是无力再继续圆这个昔日的美梦，只有遥望梦的背影……

早在沙俄末年，美国飞行员尤金·伊利进行世界上第1次舰上起降实验时，沙俄政府便计划建造自己的航空母舰，但随后的一次大战和十月革命使得该计划随沙俄一同破产。

红色政权的前苏联在顺利巩固统治、发展经济，国力大幅上升之后，再次将航母建设提上了议程。在1938年制订的“大舰队”计划上，前苏联海军打算用10年时间建立一支包括3艘战列舰、1艘航母和6艘巡洋舰在内的新的大型作战舰队。然而随着二战爆发，发展航母的宏图被迫再一次搁置。

二战结束之后，昔日的反法西斯同盟转眼烟消云散，东西两大阵营开始长达40年的冷战。考虑到航空母舰在二战中取得的辉煌战果和德军飞机轰炸前苏联军舰的教训，加之美国航母的舰载机在朝鲜战争中也发挥了很大作用，斯大林将4艘航母列入其20年造舰计划。一代海军名宿库兹涅佐夫海军上将在斯大林授意下，主持发展航母。但是一生钟爱大型水面舰艇的斯大林于1953年3月5日突然去世。接过前苏联最高权杖的赫鲁晓夫信奉“导弹核武器万能论”。他坚信，在导弹核武器时代，以航母为代表的大型水面舰艇已经完全过时，是漂浮在海面上的“钢铁活棺材”，海军的主要武器应该是导弹核潜艇。

1959年，美国第1艘弹道导弹核潜艇“乔治·华盛顿”号建成服役。该级潜艇配备的“北极星”导弹射程达2200千米。前苏联人发现，他们无法在美国的华盛顿级潜艇进入其导弹发射区之前发现并消灭它，对付美国的弹道导弹核潜艇的威胁成为前苏联海军的头等大事，他们迫切需要建立包括潜艇、水面反潜舰、岸基和舰载航空兵在内的反潜防御体系。

1962年的古巴导弹危机中，美国出动了8艘航空母舰、90多艘水面舰艇、68个中队的战斗机和载有核弹的轰炸机，从美国佛罗里达半岛到波多黎各的加勒比海一线，形成一道长长的立体封锁线。面对美军航母编队的严密围控和空中战机的压迫，前苏联最终被迫撤出部署在古巴的42枚导弹和伊尔-28型轰炸机。

美军战略核潜艇和航母编队的巨大军事威胁，令前苏联意识到没有自己的航母，根本无法与强大的美国海军抗衡，发展航母势在必行。在新上任的海军总司令戈尔什科夫海军上将的极力斡旋下，终于以建造2艘“反潜航空巡洋舰”的方案说服前苏联高层发展航空母舰。

而这2艘“反潜航空巡洋舰”就是后来被定名为莫斯科级的前苏联第一代直升机航母。

20世纪50年代末，直升机显示出极佳的搜潜能力，为世界各国航母采用。固定翼反潜飞机虽能对远方海区进行搜索，但只能捕获偶尔浮出水面的潜艇，而直升机则可以对距离母舰相当远的海区进行反复搜索，一旦发现可疑目标便可立即报警。经过再三权衡，前苏联领导人最终决定建造可搭载8架直升机、排水量不超过8千吨的“反潜巡洋舰”（1123型）。

研制工作随后紧锣密鼓地展开，萨维切夫被任命为航母总设计师，舰载直升机（卡-25）由卡莫夫领导的设计局研制。设计师们一共制定了24种航母设计方案，其中不乏双体船型、铝镁合金舰体型、燃气轮机型等独创方案。1961年3月，最终确定采用第23种方案：舰长189米，宽34米，吃水8.7米，排水量10750吨、航速28.5节，可搭载14架卡-25直升机；虽然曾有雅克-38“铁匠”式直升机在舰上进行起飞测试，不过却从未用于正式任务。在特殊情况下，莫斯科级亦可搭载米-14直升机，不过由于米-14体形过于庞大，无法经由升降机进入机库，因此只能安装在甲板上。舰艏为巡洋舰舰型，配置了强大的防空武器，包括3座“旋风”和“风暴”防空导弹双联装发射架和4座57毫米双管通用舰炮；舰艉为直升机母舰舰型，上层建筑上面为机库，后面为飞行甲板，设4个起降场，起降场下为第二机库，装两部升降机；舰上动力装置为格罗兹尼级导弹巡洋舰（58型）的改进型，包括4台涡轮机和2台汽轮机，总功率10万马力。

1962年12月，首舰“莫斯科”号在尼古拉耶夫造船厂（今乌克兰境内）开工建造。有超过200家企业和机构参与了建造工作。原计划两年半后建成服役，但到1965年1月才下水。1967年12月25日，正式进入前苏联海军作战序列。半年后，配属黑海舰队，前往地中海执行战斗值勤任务。在一个半月的时间里，“莫斯科”号航行11000海里，舰载卡-25直升机完成起降400多架次。1969年，该级舰第2艘——“列宁格勒”号（1991年改名为“圣彼得堡”号）建成服役。莫斯科级其实是一种直升机母舰，但它不是简单地模仿法国、意大利等西方国家开创的直升机航母，而是独具一格地将直升机母舰与巡洋舰结合为一体。由于莫斯科级航母没有制空能力，实际上并不适用于远洋反潜，因此只建造了2艘，但它为第二步建造基辅级航母提供了良好的示范，打下了坚实的基础。

前苏联海军针对美国的战略核潜艇部署制订了大规模的反潜作战计划。莫斯科级航母就成为执行这个计划的第一代主要军舰。由于东地中海是华盛顿级核潜艇攻击前苏联目标的最佳发射阵位，而从西班牙罗塔的潜艇基地通往东地中海必须经过中地中海的狭窄海域，这里是监视美国核潜艇往返的最佳位置。前苏联通常将1艘莫斯科级与地中海舰队的其他反潜舰艇一起编队使用，而另外那艘则在黑海进行整修改装。

1974年，“列宁格勒”号为核心的舰艇编队前往苏伊士运河进行扫雷作业。当时该舰搭载2架用于扫雷的米-8直升机，不过并未取得明显成效。

“莫斯科”号1975年2月2日失火，1983年后基本很少使用，除了1991年的一次短距离巡航，1997年6月直接拖到印度拆毁。

“列宁格勒”号1991年6月后因状况较差而停止使用。1995年9月在希腊拆毁。

■ 前苏联“列宁格勒”号直升机母舰，1985年10月1日。

莫斯科级直升机母舰的性能与数据

舰名	开工	下水	服役	退役
莫斯科 Moskva	1962.12	1964.1	1967.12	1995.1
列宁格勒 Leningrad	1965.1	1968.7	1969.6	1991.6

（1991年改名为圣彼得堡Saint Petersburg）

主尺寸：总长189米，水线长182米，舰宽34.1米，吃水7.6米（满载为8.7米）

飞行甲板长：81米 飞行甲板宽：34米

排水量：标准排水量14600吨（一说15000吨），满载排水量19200吨（一说17500吨）

动力：2台蒸汽轮机，双轴，100000马力

航速：31节

续航力：9000海里/18节

舰员：850人

武备：2座双联SA-N-3防空导弹发射装置；1座双联SUM-N-1反潜导弹发射装置；2座双联AK-257 57毫米炮；2座12管RBU 6000反潜火箭发射器；2座五联533毫米鱼雷发射管

舰载机：14架卡-25反潜直升机

■ “莫斯科”号直升机母舰侧视照片，拍摄于1969年。

基辅级
重型载机巡洋舰

■ 前苏联基辅级空拍，甲板上防空导弹发射器与卡-27反潜直升机历历可数。

前苏联历尽曲折建造的第一代莫斯科级直升机反潜航母为本国航母的发展积累了宝贵的经验。在此基础上，20世纪70年代，前苏联建造了第二代基辅级航母。

前苏联海军在建造时期就已经发现莫斯科级作用有限，因此只将之视为试验产品，建造2艘之后即开始制造排水量更大，武备更强的基辅级航母。

基辅级前后一共建造了4艘，分别是："基辅"号、"明斯克"号、"新罗西斯克"号和"戈尔什科夫"号。它们与美国乃至西方其他国家航母的最大区别是装载了大

■ 基辅级“巴库”号（CVHG-103）舰岛对空相列雷达特写，1988年6月1日。

■ “基辅”号舰艏特写，1984年5月23日。

量武器装备，除了舰载机，仅凭其本舰的强大火力，基辅级仍能发挥相当的作战能力。

1967年，雅科夫列夫设计局研制成功雅克-36型垂直起降固定翼飞机，前苏联空军对这种飞机毫无兴趣，但海军却爱不释手。在国外，英国人从1962年已经开始研制可搭载“海鹞”式垂直起降飞机和“海王”反潜直升机的新一代中型航母。因此，海军总司令戈尔什科夫提出，第3艘莫斯科级直升机航母的技术方案应考虑能够搭载雅克-36。1967年9月，前苏联涅夫斯基设计局和莫斯科“速度”机器制造厂设计局联合完成了对在莫斯科级航母上部署和使用雅克-36飞机的可能性的评估，认为雅克-36飞机上舰是可行的、合理的。由于第3艘莫斯科级航母的改进潜力不足，1968年9月，前苏联决定停止建造第3艘莫斯科级直升机航母，而开始研制排水量倍数于莫斯科级的新一级中型航母，即基辅级航母（1143型），而前苏联海军则称其为“重型载机巡洋舰”。

1970年7月，前苏联将建造第3艘莫斯科级航母的船台加长后，开始建造“基辅”号航母（1143.1）。该舰于1972年12月下水，1975年1月正式服役。“基辅”号舰长273.1米，宽31米，吃水深11.5米，飞行甲板宽51.3米，排水量31900/43220吨（标准 /满载），动力装置为4台蒸汽轮机（4×35000马力），航速18.2/30节（巡航/最大），续航力7160海里，可搭载22架卡-25直升机或雅克-36M垂直起降飞机（任意组合）；舰载武器包括：4具“玄武岩”双联装反舰导弹发射装置（备弹16枚）、2具“风暴”双联装防空导弹发射装置（备弹72枚）、2 具“黄蜂-M”双联装防空导弹发射装置（备弹40枚）、1具 РПК-1型双联装反潜导弹发射装置（备弹16枚）、2具 РБУ-6000型十二管反潜火箭发射装置（备弹129枚）、2座533毫米五管鱼雷发射器、2门 AK-726型76.2毫米双管舰炮、8门 AK-630型30毫米舰炮；编制舰员1300 人。由于舰上装备了常用于巡洋舰而非航母的各种导弹、火炮和反潜武器，所以“基辅”号看起来像个“混血儿”，从严格意义上讲，确实应该用“重型载机巡洋舰”这个名号来称呼它。其舰载武器部署在上甲板前部（类似于莫斯科级），左舷飞行甲板延长至上层建筑以后，从而使上层建筑成为右置岛形格局。

基辅级第2艘“明斯克”号（1143.2型）1972年12月29日开工建造，1975年9月下水，1978年9月正式服役。其主尺度、主要性能及舰上装备与“基辅”号基本相同，不同之处在于，“明斯克”号取消了鱼雷发射器，更新了声呐和无线电技术设备，舰载机数量增加了50%。

第3艘“新罗西斯克”号（1143.3型）1975年9月在尼古拉耶夫造船厂开工，1978年12月下水，1982年9月服役。其主尺度、主要性能与 “基辅”号也基本相同，主要变化在于舰载武器：“风暴”双联装防空导弹发射装置备弹增加到96枚，“黄蜂-M”防空导弹发射装置为2具“短剑”六联装防空导弹发射装置

（备弹96枚）所取代。

第4艘“巴库”号（1143.4型，后改名为“戈尔什科夫”号），1978年12月在尼古拉耶夫船厂开工，1982年4月下水，1987年1月服役。与前3艘相比，“巴库”号有较大变化，第一，是标准排水量和满载排水量分别增加到37000和44500吨；第二，是动力装置总功率增加到4×50000马力，相应地最大航速和续航力分别增加到32节和13500海里（18节时）；第三，是舰员编制由1300人减少至1200人；第四，是舰载武器装备有较大变化：“玄武岩”反舰导弹发射装置由4具增加到6具，备弹也由16枚增加到24枚；“短剑”防空导弹发射装置由2具增加到4具，备弹由96枚增加到192 枚；4座П-120“孔雀石”防空导弹垂直发射装置，2门AK-726型76.2毫米双管舰炮换为2门AK-100型100毫米单管舰炮；反潜武器仅保留 2座РБУ-12000型10管反潜火箭发射装置；第五，是舰载设备有较大变化：装备了相控阵雷达和先进的电子设备。

前后4艘基辅级航母总共只用了17年时间就全部建成服役，这个建造速度完全不亚于西方国家的航母建造速度。该级舰的建成为前苏联发展大型航母奠定了可靠的技术基础。

按照前苏联既定的反潜战略，基辅级在前苏联海军的定位就是以反潜防空为主的多用途常规动力航母，它的使命是担负舰队指

■ “新罗西斯克”号正在全速航行中，照片摄于1985年5月1日。

挥、反潜与防空，执行空中侦察与警戒，攻击敌航母编队或用飞机充当水面舰艇和潜艇发射反舰导弹的空中制导站，对敌海上补给船队和运输船队实施攻击，执行空中拦截和支援两栖作战，实施垂直登陆作战等。

“基辅”号在1976年初交前苏联海军使用，同年7月25日从黑海通过博斯普鲁斯海峡驶入地中海开往北方舰队。它与后来同在该舰队服役的“明斯克”号的任务是支援前苏联的潜艇部队在格陵兰—冰岛—英国海域的活动。1980年7月，在北极圈内的北极附近海域进行了以“基辅”号为核心，包括4艘克列斯塔级、6艘科里瓦克级、1艘斯维尔德洛夫级和1艘克特林级在内的舰艇编队的军事演习。

前苏联解体以后，原先建造基辅级航母的乌克兰在独立之后，无意继续承担对其的维护保养的任务。经济窘困的俄罗斯海军无意也无力继续维持这一级食之无味，弃之可惜的老式航母，将海军的战略重心放在发展战略核潜艇上，基辅级航母的命运因而注定。1995年，俄罗斯将“明斯克”号和“新罗西斯克”号一起当做废钢铁作价1300万美元卖给韩国大宇重工集团。“新罗西斯克”号随即被拆解，但由于1997年亚洲金融风暴的影响，大宇重工只好在1998年将还没有拆解的“明斯克”号以530万美元的价格转手卖给中国德隆国际战略投资公司，1999年8月“明斯克”号被拖至广州文冲船厂，开始进行大规模整修与改造，2000年5月9日驶抵深圳大鹏湾，成为大型军事主题公园。

2003年，“基辅”号也被当做废钢铁作价450万美元卖给中国天津天马拆船工程有限公司。2003年9月，“基辅”号航母驶抵天津八卦滩码头。按照合同，“基辅”号原是作为废钢铁出售给天马公司的，必须在半年内拆除解体。但后来经过中方与俄罗斯方面斡旋，“基辅”号最终得已避免被解体的命运，而被改建为军事主题公园，于2004年5月正式对公众开放。

1994年2月，“戈尔什科夫”号发生锅炉爆炸事故，导致7名士兵丧生，此后“戈尔什科夫”号便被搁置不用，实际上已经宣告退役。俄罗斯经过10年的谈判，于2004年和印度达成协议，“戈尔什科夫”号航母将免费送给印度，但该航母必须在俄罗斯进行改装和升级，以满足印度海军的需求，印度方面将承担共9.74亿美元的改装费用。而加上购买武备和舰载机的费用，印度方面实际将为之支付超过15亿美元。2008年和2010年，印度又两度向俄罗斯支付了追加的改装费用。根据双方最新达成的协议，该舰将于2012年年底完成改建，移交印度。“戈尔什科夫”号航母交付印度后将改名“维克拉玛蒂亚”号，替代印度现役的“维拉特”号航母。

基辅级重型载机巡洋舰的性能与数据

舰名	开工	下水	服役	退役
基辅 Kiev	1970.7	1972.12	1975.1	1993.1
明斯克 Minsk	1972.12	1975.9	1978.9	1993.1
新罗西斯克 Novorossisk	1975.9	1978.12	1982.9	1993.1
戈尔什科夫 Gorshkov（原名巴库）	1978.12	1982.4	1987.1	1994.2

标准排水量：32000吨

满载排水量：40400吨

主尺度：总长274米，水线长249.5米；舰宽51米，水线宽32.7米；吃水10米

飞行甲板：长195米，宽20.7米

■ 飞行甲板上的雅克-38战斗机特写，1988年6月1日。

■ 基辅级舰中部特写，1982年9月1日。

动力：8台锅炉，4台蒸汽轮机，200000马力，4轴，双舵

航速：32节

续航力：19600海里/14节，4500海里/31节

舰员：1200名，航空人员500名

武备：6座双联SS-N-12“沙箱”对舰导弹；4组SA-N-9“长手套”对空导弹垂直发射装置；2座100毫米炮；8座6管30毫米炮；2座10管RBU-2000十管反潜火箭发射装置

对抗措施：2座双管PK2假目标干扰发射器；拖曳鱼雷诱饵

雷达：“天空哨兵”三坐标对空雷达；“板舵”对海雷达；“双支柱”对海雷达；“棕榈叶”导航雷达；“前门”火控雷达；“鸢声”火控雷达；“低音帐篷”火控雷达；“十字剑”火控雷达；“飞行警察”导航雷达；“蛋糕台”导航雷达

声呐：“马颚”中低频舰壳声呐；“马尾”变深中频声呐

舰载机：12架雅克-36垂直/短距起降战斗机，12架卡-27“蜗牛A”和2架卡-31“蜗牛”直升机

库兹涅佐夫海军上将级重型载机巡洋舰

■ 俄罗斯“库兹涅佐夫海军上将”号（CV063）左后舷航行中的特写，照片摄于 1991年12月1日，当时该舰名为“第比利斯”号。

前苏联建造前两代航母的初衷是为了应对美国战略核潜艇的威胁，随着美国航母编队频频完成大规模远洋编队航行，前苏联海军也将精力转移到建立远洋舰队上来了。

1972年，前苏联海、空军和造船工业部经过反复研究得出结论：如果没有舰载歼击机的空中掩护，则建立远洋舰队根本毫无意义，而舰载机应当是普通型的飞机而不是垂直起降飞机。这就意味着前苏联新一代航母的设计必须从根本上改变原先“重型反潜巡洋舰”的思路。

与此同时，涅夫斯基设计局开始实施代号为“鹰”的核动力航母研制计划。其设计排水量为70000吨，舰载机70架，安装4座蒸汽弹射器。该设计方案很明显是针对美国在役的“企业”号和已经下水的“尼米兹”号核动力航母。海军总司令戈尔什科夫同意了这一方案，但考虑到前苏联海军的实际，建议吨位再小一点，并且加装反舰导弹。次年，这一方案得到了国防部长A.格列奇科，海、空军和造船工业部及航空工业部领导人的支持。然而，当时的苏共中央委员会书记乌斯季诺夫突然提出：在实施该方案之前，先在基辅级第3艘舰“新罗西斯克”号上安装弹射器，并用米格-23A歼击机补充其机队。显然，基辅级舰的甲板结构无论如何也不适合如此改装。戈尔什科夫虽然据理力争，但结果是，“鹰” 计划只得推迟，按原计划建造“新罗西斯克”号，并考虑建造使用弹射器并能搭载36架飞机的同尺寸航母。

“新罗西斯克”号安装弹射器根本不可行，而美国的第2艘尼米兹级航母“艾森豪威尔”号已经下水。前苏联现役的莫斯科级和基辅级非但无法像预计的那样承担反潜重任，而且原先希望综合航母和巡洋舰优势的这两级航母，同时也兼得了两者的劣势。在这种背景下，1976年4月，苏共中央委员会和苏联部长会议重新作出决议，批准于1978－1980年建造2艘排水量各为60000吨的“大型航空武器巡洋舰”，采用核动力装置，安装2部弹射器，搭载50架飞机和直升机。总共有66家单位参与航母的研制，并开始研制前苏联的国产弹射器和着舰拦阻装置。但是航母的发展方向再次发生偏离：决定将弹射器和着舰拦阻装置先用于第5艘基辅级巡洋舰，并用常规蒸汽涡轮机取代核动力装置。

戈尔什科夫期待已久的新一代航母建造计划虽然一变再变，好歹终于有望得以实施，但是令他和所有人都意想不到的是，当时负责海军的苏军副总参谋长阿梅利科海军上将反对建造标准航母的计划。阿梅利科在其上司前苏联元帅奥加尔科夫的支持下，向戈尔什科夫发难。他不仅反对建造标准航空母舰，也反对继续建造作战能力逊于前者的“重型载机巡洋舰”，提出用现有的大西洋级商用干货船改造为反潜直升机母舰来充实舰队。美国曾于1961－1970年以快速干货船为基础建造了硫磺岛级直升机登陆舰，这是阿梅利科构想的来源。至于奥加尔科夫元帅本来就主张扩建战略核潜艇部队，对航母计划一直持反对意见。由于苏军总参谋部态度坚决，戈尔什科夫的意见再度被搁置。1978－1980年间，前苏联专家对阿梅利科的改装反潜舰方案进行了认真研究，结论是根本不可行。燃气轮机虽然功率比蒸汽轮机高，但噪声太大。这虽对于登陆舰的影响相对较小，但如果用在反潜舰上，则不可避免地会影响声呐设备的正常工作。而且这一方案没有完全考虑到搭载预警直升机和垂直起降飞机，根本无法起到反潜作用。

直到1980年4月，前苏联当局终于批准了45000吨级常规动力航母的战术技术任务书，但是取消了原方案中的弹射器，而采用了滑跃式甲板。尽管新任国防部长乌斯季诺夫于1981年同意将排水量增加到55000吨后，但这仍小于“鹰”计划所制订的规模。库津曾在《海军文集》中感慨地写道：“标准排水量从80000吨到55000吨，从核动力装置到蒸汽涡轮机，从4部弹射器到一个也没有，海军的命运就这样被这些对海军一知半解却又自以为是的权势人物任意支配，一误再误 。”

1982年5月7日，经过长达10年的反复酝酿和讨论，苏共中央委员会和部长会议作出了按照1143.5设计方案建造第三代航母的决定。继第1艘航母“定单105”（1143.5设计方案的工厂编号，“定单105”最初被命名为“苏联”号，就是现在的“库兹涅佐夫海军上将”号）。于当年9月开工后，1983年前苏联军方决定建造第2艘航母“定单106”（1143.6，最初命名为“里加”号，即现在的“瓦良格”号），同样由当时乌克兰联盟共和国的尼古拉耶夫黑海造船厂承建。

为建造这2艘航母，前苏联政府拨款对黑海造船厂进行了第2次大规模技术改造，同时，又改造了大渠舾装码头。为了保障航母出厂驶往黑海，还将大渠和布格－德涅伯－利曼河道浚深到10.5米。这次技术改造，大大增强了黑海造船厂的生产能力。

按照当初的设计，2艘同级航空母舰的满载排水量为67000吨，全长306米，比美国“尼米兹”号航空母舰仅短22米。舰艏飞行甲板高度距离水面有7层楼高，舰艉飞行甲板宽度73米。航母最多可容纳大约60架战机，飞行甲板前部有12具SS-N-19反舰导弹发射器。其主要使命是确保前苏联弹道导弹核潜艇的安全和战斗效能的发挥，消灭敌方海上和基地的海军兵力。

工厂在施工中发现，建造人员15%的时间是花在从一个工位移动到另一个工位的路途上。于是工厂在上甲板上设置了移动式机修车间和各种工具的贮存仓库，实施在舰上事先规定的地点发放材料的办法，减少非生产性的浪费，提高工作效率。为了便于进入内部舱室，还在船体侧壁处设置了专用工艺通道，为解决人员上下和运送小型货物，还在船台和舾装码头设置了自动电梯。担任整舰设计的涅瓦设计局也改变了设计工艺，图纸分别按总段和专业设绘，图纸明细表都在计算机上分发，这样，可以相当快速准确地按照分类表将机械加工制件投入生产。一条航母由24个总段组成，工厂则把每一个总段都看做完整的制件。在船台旁平台上的总段内进行尾轴架、舵和轴毂的安装，在大范围内实施了封舱前向总段内吊装机械设备、管道和其他工艺单元的工艺路线，大大缩短船台周期，生产管理达到的水平相当高、相当严密有效。

首舰“库兹涅佐夫海军上将”号曾几次改名，从最初的“苏联”号到“克里姆林宫”号，再到“勃列日涅夫”号，后改名为前苏联格鲁吉亚共和国首都“第比利斯”号，前苏联解体后才正式改名为“库兹涅佐夫海军上将”号。1989年夏天，船体已经完工71%，1989年11 月进行了第1次载机训练，1991年11月前苏联宣告解体之时，它从黑海紧急出发驶往北方水域，加入北方舰队，而直到1993年它才接收舰载机。1995年12月至1996年3月间，该舰曾部署在地中海。而后一直处于等候检查的待命状态，有时也进行飞行训练。1999年科索沃战争期间，该舰也曾经一度露面。

1985年12月4日，第2艘“定单106”

■ 俄罗斯海军“库兹涅佐夫海军上将”号（CV063）右舷航行中特写，照片摄于1991年12月1日。

（“里加”号）在造船台安家落户（一舰下水，后续舰于当日上船台）。到了1988年，“里加”号船体建造成功，并于当年11月25日下水。1990年7月，“里加”号被改名为“瓦良格”号（Varyag，其实准确的译法应当为“维京人”号），以纪念在1904－1905年日俄战争中沉没的“瓦良格”号巡洋舰。截至1991年11月，“瓦良格”的建造率已达68%。前苏联解体后，“瓦良格”号由今天的乌克兰共和国获得（在最初的几年之内其名义上仍归属俄黑海舰队）。但由于乌克兰经济状况不佳，无力继续建造，工程于1992年1月停工，就此半途而废了。

1993年，俄罗斯总理切尔诺梅尔金、海军司令格鲁莫夫在乌克兰总统库奇马的陪同下来到黑海造船厂，研究将“瓦良格”号航母建造完毕并移交给俄罗斯的可能性。但双方对于价格产生了分歧，而造船厂厂长马卡罗夫当场表示，在如今的形势下，“瓦良格”号不可能完工。此后，俄乌双方对此船仍有协商，但由于经济形势不佳，都无果而终。1995年，乌克兰总统库奇马决定将“瓦良格”号交给黑海造船厂处置。

1995年12月，乌克兰总统库奇马访问北京，与我国商谈“瓦良格”号在中国进行解体作业的事宜。

1998年，澳门创律旅游娱乐公司通过竞标，以2000万美元（实际总共花费1亿美元）的代价买下“瓦良格”号，声称要将其改造成一个大型海上综合旅游设施——包括迪斯科舞厅、旅馆和博彩设备等，日后将其停泊于澳门附近海域。

但是由于土耳其拒绝“瓦良格”号航母通过博斯普鲁斯海峡，为此中国与土耳其进行了长达一年半之久的谈判。2001年11月，在中方多次斡旋之后，“瓦良格”号终于通过了博斯普鲁斯海峡。2002年3月3日，历尽艰险的“瓦良格”号航母在历尽123天，

■ 处于废弃状态的“瓦良格”号航母的未建成船体，即将被购买的中国东家牵引回国。

■ 停放于“库兹涅佐夫海军上将”号飞行甲板上的苏-33战斗机，照片摄于1996年2月23日。俄罗斯海军未来计划以新的米格-29K型舰载机将其取代。

15200海里的艰难航程，终于抵达大连。2005年4月26日，“瓦良格”号被拖进了大连造船厂的船坞，开始进行改建。

比起最终来到中国安家的“瓦良格”号而言，“乌里扬诺夫斯克”号的结局无比凄惨。严格地说，前苏联海军下决心研制和建造的这艘70000吨级超级核动力航空母舰实际上已经是明显有别于第三代库兹涅佐夫级的第四代新型航空母舰，可惜生不逢时。1992年2月，“乌里扬诺夫斯克” 号被拆除，作为废钢铁以每吨500美元的低价出售给美国一家公司，仅换得1500万美元。

全盛时期拥有9艘各级航母的俄罗斯海军，后来只有“库兹涅佐夫海军上将”号1艘充当孤独的守望者。如今恢复了元气的俄罗斯仍然需要航母守卫它的广阔海疆，俄罗斯海军总司令弗拉基米尔·维索茨基海军上将确认俄罗斯将建造5－6艘新型航母的计划。

俄罗斯在总结前苏联的航母发展经验教训之后认为，由于对航母的任务使命存在认识上的偏差，导致前苏联每一代航母都将两种以上作战任务“嫁接”在一起作为设计目标，最终直到前苏联解体，其航母的发展都不能算成功。但是与美国的航母相比：由于美国海军注重编队作战，航空母舰的战斗力量过分依赖于舰载机，防守力量几乎完全依赖护航编队，而现今的全核动力航母编队制造和维护成本高昂，而前苏联海军强调单舰作战能力，如“库兹涅佐夫海军上将”号航母本身就具有很强的对海、对空、反潜武装，即使没有军舰护航的情形下仍具有强大的攻防能力，这样能缩小航母编队的规模，减少维护成本，也更适合于中近海的空中火力支援。因此，俄罗斯要发展自己的新型航母，仍然要立足自身，建造更适合自己国力和实际需要的航母。

在新型航母建成服役之前，“库兹涅佐夫海军上将”号依然是俄罗斯唯一一艘航母。据2010年4月的最新消息，俄罗斯将在2012年将其送回船厂进行全面改造，2017年重新服役。按照最新披露的方案：首先，航母上老旧的蒸汽轮机和锅炉将会被全新的燃气轮机或核反应堆代替。也就是说，“库兹涅佐夫海军上将”号很可能变身为核动力航母。其次，在保留原有滑跃式甲板的基础上，航母上将加装1－2部弹射器，以提升舰载机的出勤率。“新航母”的武器装备配置也将发生变化，藏身甲板下的“花岗岩”反舰导弹将被拆除，余出的空间将作为机库，以便增加舰载机数量。航母的舰载机部队将装备26架新式米格-29K“支点-D”型舰载机，并有望装备第5代舰载型T-50隐形战机。在对空火力方面，将加装4－6套“铠甲”弹炮合一防空系统，并安装配备80－120枚导弹的新一代多功能防空系统。经过“大换血”之后，“库兹涅佐夫海军上将”号将成为具备完善防空火力和航空兵攻击能力的新型平台。

■ “库兹涅佐夫海军上将”号舰艉特写，该舰现在隶属俄罗斯北方舰队。

库兹涅佐夫海军上将级重型载机巡洋舰性能与数据

舰名	舷号	开工	下水	服役
库兹涅佐夫 Kuznetsov	CV063	1983.2	1985.12	1991.1
瓦良格 Varyag	—	1985.12	1988.11	
乌里扬诺夫斯克 Ulyanovshaya	—	1988.11		

性能（库兹涅佐夫）

标准排水量：45900吨

满载排水量：58500吨

主尺度：总长304.5米，水线长280米；舰宽70米，水线宽37未；吃水10.5米

飞行甲板：长304.5米，宽70米

动力：8台锅炉，4台蒸汽轮机，200000马力，4轴

航速：31节

续航力：2700海里/28节

舰员：1700名，其中军官200名

武备：12单元SS-N-19“毁灭”对舰导弹垂直发射装置；4组SA-N-9“长手套”对空导弹垂直发射装置；8座CADS-N-1“卡什坦”导弹/火炮合一

发射装置；6座AK630六管30毫米炮；2座RBU-12000反潜火箭

对抗措施：10座PK10和2座PK2箔条发射器

通信系统数据链；“低球”卫星导航系统；“冠钟”数据链

雷达：“天空哨兵”相控阵雷达；“顶板”对空雷达；“双支柱”对海雷达；“棕榈叶”导航雷达；“十字剑”火控雷达；“热闪”火控雷达；“飞行警察B”飞行控制雷达；“蛋糕台”战术空中导航雷达

声呐：“公牛角”、“马颚”舰壳中低频声呐

舰载机：20架苏-27K（苏-33）“侧卫”战斗机；4架苏-25UTG“蛙足”攻击机；15架卡-27“蜗牛”和2架卡-31 “蜗牛”直升机

克莱蒙梭级中型航空母舰

■ 法国海军的“福熙”号（R99）航空母舰正在进行左满舵转向航行，照片摄于1983年5月19日。

二次大战以后，除了美国和俄罗斯（前苏联）两大海军强国之外，法国海军堪称仅次于两大国的第三号海上实力。

在二次大战期间，舰艇总吨位70万吨的法国海军由于战略指导思想错误，结果使大部分舰艇毁于一旦，造船厂在战争中也几乎全部遭到破坏。

战后随着东西方两大阵营对峙的冷战时代的到来，法国作为西方的传统大国，北约的一个重要成员国，既要承担北约分配的任务，同时又要维护自己的海上利益，重振大国雄威，迫切需要建立一支强大的海军。为此，各盟国，特别是美国、英国、加拿大抽调部分舰艇补充法国海军，给了法国海军200艘包括3艘航空母舰在内的舰艇，法国另外从战败国德、意海军手中得到35艘包括10艘护卫舰在内的中小型舰艇，补充了本国海军。

然而，这批舰艇的舰龄普遍较长，已经不适合承担北约组织和法国维护自身政治、经济利益所要承担的任务。而其中的5艘老式航母的升级换代要求最为迫切。为此，法国海军于1952年提出建立一支以航空母舰为核心的能适应海战新条件的海上力量发展计划，得到了当时政府的批准，于是建造航空母舰的计划便应运而生了。

当时除了美国发展的60000－100000吨级的大型航空母舰之外，英国等西方国家迫于战后的国力限制，普遍发展的是20000吨左右的轻型航母，而主张国防独立的法国独树一帜，走的是发展30000－40000吨级中型航母的路子。

第1艘航母以领导法国取得一次大战胜利的克莱蒙梭总理的名字命名，“克莱蒙梭”号于1953年制定预算，1955年11月在布雷斯特造船厂动工，1957年12月下水，1961年服役。第2艘则以一战时期战功卓著的福熙元帅的名字命名，“福熙”号于1955年制定预算，1957年在圣·纳泽尔大西洋船厂开工，后

■ 法国海军的“克莱蒙梭”号（R98）于沙漠之盾作战时泊于沙特阿拉伯军港，1990年8月24日。

又将舰体拖拽到布勒斯特船厂完工，1960年7月下水，1963年7月服役。至此，法国海军已建造了一批以航空母舰为主的水面舰艇攻击力量，从而大大提高了法国海军的战斗力，使海军的面貌为之一新。正如当时的法国总统戴高乐在“福熙”号航空母舰服役一年后所指出的那样：“法国海军已史无前例地位于各武装力量之首。”

克莱蒙梭级航空母舰标准排水量为27300吨，满载排水量为32780吨。它拥有城市公共生产的各种功能：膳食、住宿、治安、卫生、行政管理、消防安全、消遣娱乐和新闻报道等应有尽有。虽然它的全长只有265米，宽51.2米，吃水8.6米，但从龙骨到舰桥顶部高达51.2米。舰上发电机的总发电量达14000千瓦，相当于一座中小城市的照明用电量。

不论是在航行期间还是在停泊期间，克莱蒙梭级航母始终是一座开动的综合工厂。它有自己的推进装置、发电装置、空气压缩装置、空调装置、加油装置、充气装置和消防装置等。此外，舰上还设有飞机的维修保养部门。其中，有军械车间、机械车间、金工管道车间、电气电子设备车间等。所有这些对于航空母舰在海上长期活动是必不可缺少的。

该级舰有3层立体甲板。舰体水线以下部分双层加固。舰上拥有多种实施进攻与防御的武器。从机枪、火炮、导弹、飞机到战术

■ “福熙”号（R99）泊于土伦军港，1988年4月。

核武器齐全，使该舰能实施攻击、侦察、预警、反潜、救援等多种任务。另外，该舰拥有足够的空间安装各种警戒、通信和协调设备，如雷达、声呐、通信系统、电子计算机等设备，使其在战时与平时都能保持警惕，搞好各部门之间的高度协调。

克莱蒙梭级具有与美国大型航母相同的斜角甲板和相应设备。飞行甲板长258米，宽46米，分为两个部分：一部分是舰前部的轴向甲板，长90米，设有一部BS5蒸汽弹射器，可供飞机起飞；另一部分是斜角甲板，长163米，宽30米，甲板斜角为8度，设有一部BS5蒸汽弹射器和4道拦阻索，既可供飞机起飞，又可供飞机降落。在右舷上层建筑前后各有一部16×12米的升降机。它的机库长180米，宽24米，高7米，总面积4320平方米，分隔成3个库区。

克莱蒙梭级舰在建成时的舰载武器为8座100毫米自动炮，后来改装时用2座八联装“响尾蛇”舰空导弹取代了其中4座。它的电子设备主要有：1部DRBV-23B对空雷达，2部DRBI-10和1部DRBV-15对海雷达，1部1226导航雷达，1部NRBA-51助降雷达，2部DRBC-32B/C火控雷达等。

法国认为，作为兵力投送的工具和战术核武器的核威慑政策的组成部分，航空母舰是提供援助的最好工具，是掌握岸基飞机无法行动的海区的制空权所不可缺少的。克莱蒙梭级航空母舰共可载飞机44架，其中10架F8E“十字军战士”战斗机、20架“超级军旗”攻击机、10架“阿里兹”反潜机、2架“超黄蜂”直升机和2架“云雀”直升机。航母上的这些飞机是根据其通常任务所配置的，当然舰载机的类型与装置还要视航空母舰在海上编队中的情况和使用而变化。克莱蒙梭级航母还可以执行两栖作战任务，这时它可装载30－40架大型直升机（或者混合装载18架大型直升机和18架攻击机）和1个齐装满员的陆战营。

克莱蒙梭级航空母舰在海上可以持续活动几个月。舰载机的活动方法分为连续活动和间断活动。连续活动是要保持空中经常有飞机，有规律地从舰上弹射起飞的飞机，同时回收先前出动的飞机。克莱蒙梭级舰能在100海里远的地域保持2架“超级军旗”攻击机支援地面作战，能在100海里之外的海域保持2架“阿里兹”反潜机进行巡逻。间断活动则是在执行较大规模作战任务的情况下进行。如大规模攻击敌岸、攻击海上舰队、摧毁某个目标等。这时，航空母舰要投入大量的飞机。克莱蒙梭级航空母舰在间断活动中可以派出12－18架飞机实施270海里的远程空袭，每4小时出动一次，以保证飞机有返回加油、补充弹药和飞行员休息的时间。无论是连续活动还是间断活动，只要有飞机起降，该级舰都派1架直升机滞空，机内载1名潜水员，以备打捞在弹射起飞或着舰时发生意外事故的飞行员。

克莱蒙梭级航空母舰共有人员1835人，分海勤人员和空勤人员两大类。在海勤人员

■ 从船艏拍摄的“福熙”号正在全速航行，照片摄于1983年5月19日。

■ 停放于“福熙”号后部飞行甲板上的“超级军旗”式舰载机，摄于1983年1月8日。

中，167名在飞行甲板和指挥塔上的人员属机场人员，155名在机库及维修车间的人员属浮动基地人员，1016名在舰上担负与其他水面舰艇类似任务的属舰船人员。在这1338名海勤人员中，军官64人，士官476人，水兵798人。在空勤人员中，军官38人，士官287人，水兵158人，共483人。无论是海勤人员还是空勤人员，其海上生活规律不但按海军规定的“值勤表”轮流值班，还要受到浮动机场上飞行活动时带来的限制。舰载机不分昼夜地起飞、降落，在甲板上的官兵工作极其繁重、危险，任凭喷气发动机震耳欲聋的轰鸣。空勤人员与海勤人员不同，他们有时在舰上，有时在岸上基地。空勤人员不仅包括飞行员，还包括喷气发动机或零部件的机械师、电气技师、雷达专家、军械师和无线电技师，他们都是为飞行人员，首先是为驾驶员服务的。

克莱蒙梭级航空母舰自服役以来进行了两次较大规模的改装，从而大大提高了战斗力。

首次改装在1977－1981年之间。改装的主要项目：检修舰上所有设施；维修飞行甲板、动力装置；改建舰员生活住舱和储存AN-52战术核导弹的弹药库；安装了“锡拉库斯”卫星通信系统；尤其是安装了“森尼特”海军战术数据系统。该系统能根据岸基、机载和舰载雷达传递来的情报建立态势图，并能将态势由11号或14号数据链传递给其他战斗单位，它还能有助于舰长定下决心。它的最大特点是能早期发现敌人的来袭飞机、导弹和潜艇。发现目标后能自动跟踪、判明目标性质，并提出目标的各种情报数据。它还可通过电子计算机的运算，提供各种打击来袭目标所需的数据。

1985－1988年间，该级舰又进行了第2次现代化改装。改装的主要项目有：拆除8座100毫米火炮中的4座，安装2座“响尾蛇”导弹系统；加装2座 “萨盖”干扰系统；增加远程空中预警雷达和被动式雷达探测系统；更换已到使用年限的设备和锅炉管道；提高升降机和弹射器的性能；使电子、通信、助降系统和作战情报系统现代化。

随着法国海军新一代核动力航空母舰首舰“戴高乐”号于2000年9月正式服役，克莱蒙梭级航母完成了它的历史使命。“克莱蒙梭”号先于1997年7月退役，参加过海湾战争和科索沃战争的“福熙”号也于2000年退役并出售给巴西海军。巴西海军将“福熙”号改名为“圣保罗”号，替代巴西海军已经服役了54年的“米纳斯吉拉斯”号航母，主要用于军事训练和领海防务。但是，2005年5月17日，“圣保罗”号在里约热内卢停泊期间发生蒸汽管道爆裂事故，造成失火，1名水兵死亡、7人受伤。由此看来，服役40多年的“福熙”号已经没有多少余热可以发挥了。

克莱蒙梭级中型航空母舰

舰名	舷号	开工	下水	服役	退役
克莱蒙梭 Clemenceau	R98	1955.9	1957.12	1961.11	1997.7
福熙 Foch	R99	1957.2	1960.7	1963.7	2000.11

主尺度：总长265米，最大宽度51.2米，吃水8.6米

飞行甲板：长258米，宽46米

动力：6台锅炉，2台帕森斯蒸汽轮机（“克莱蒙梭”号），2台奥斯瑟姆蒸汽轮机（“福熙”号），双轴

航速：32节

续航力：7500海里/18节，4800海里/24节，3500海里/满功率

舰员：1017名，其中军官47名；航空人员672名

武备：2座八联“响尾蛇”对空导弹发射装置，2座六联马特拉－萨德拉尔对空导弹发射装置，4座100毫米炮

对抗措施：2座CSEE“萨盖”十管假目标发射器；达索LAD舰外假目标发射器

作战数据系统：西尼特IT战术数据系统；11、16号数据链；锡拉库斯卫星通信系统；英玛塞特舰队卫星通信系统，AIDCOMER和JMCIs/NTC指挥支援系统

雷达：汤姆森对空/对海雷达：迪比对海雷达；雷卡·台卡导航雷达；汤姆森CSF DRBC 32B火控雷达，SRN-6战术空中导航雷达；NRBA51着舰进场控制雷达

声呐：威斯汀豪斯SQS505舰壳中频主动声呐

舰载机：15架“超级军旗”；4架“军旗IVP”；8架“十字军战士”战斗机；8架“贸易风”反潜机；2架“超级黄蜂”和2架“海豚”直升机

“贞德”号直升机母舰

■ 法国海军的“贞德”号直升机母舰（R97）于1986年7月4日参加纽约国际海军展时拍摄的照片。

1955年11月，就在“克莱蒙梭”号航母动工的同时，法国海军最高委员会就提出研制直升机航母的新课题，但由于当时法国正在全力建造2艘克莱蒙梭级航母，这项提案草草收场，无果而终。1957年3月，建造直升机航母的方案再度提出，最终获得法国政府当局批准。

1960年7月，新直升机航空母舰于布雷斯特海军船厂开工，并被命名为“无畏”号。1963年，法国海军原“贞德”号训练舰退役，于是建造中的“无畏”舰便继承了法国历史上著名的民族英雄——“圣女贞德”之名，最终于1964年7月完成，加入法国海军现役。

“贞德”号是法国第1艘，也是至今唯一一艘专为装载直升机而设计的载机母舰，该舰用途广泛，平时用做训练舰，载军官实习生。

建成后的新“贞德”号满载排水量13270吨，舰长182米，主机为2台蒸汽轮机，最高航速26.5节。船身线型以当时的防空型巡洋舰“考尔伯特”号为基础，上层建筑前移，并将烟囱、雷达装置、大部分舰载武器及作战情报中心、两栖作战指挥中心囊括其间。上层建筑后的飞行甲板长62米、宽21米，升降机位于飞行甲板中后部，全舰编制626人、外加见习军官140名。舰上平时可搭载4架“云雀”或“海豚”直升机，战时则搭载8架“超级大黄蜂”或11架“山猫”反潜直升机。此外，舰艏配置2座三联装“飞鱼”反舰导弹发射装置，上层建筑两侧及飞行甲板后共布置4座100毫米自动舰炮。

作为直升机航母，战时“贞德”号可以使用舰载直升机进行反潜和扫雷作业；两栖作战时可一次搭载700名全副武装的陆战队员，进行直升机垂直登陆；稍作改装后还可作为指挥舰使用，并为护卫舰艇上的直升机提供保障。平时，“贞德”舰用做训练舰或代表法国海军出访，担任“冬春训练中队”旗舰，夏季则进行维修。

从作战使命上看，“贞德”舰在海上的主要作战任务应以反潜为主，但考虑到舰上并不搭载固定翼作战飞机，不具备独立制空能力，因此其活动范围严重受限于中、近海。按照冷战时期法国海军的配置，“贞德”舰在战时主要活动于水域相对封闭的地中海地区，用于对付前苏联黑海舰队潜出地中海的攻击型潜艇。但根据一般规律，一只海上编

■ 航行在大西洋上的“贞德”号 。该舰在法国海军力量中长期扮演多面手角色。

■ “贞德”号泊于纽约港时的舰艏特写，照片摄于1986年7月4日。

队要获得全时域、全海域的反潜能力，就必须同时拥有12架以上的反潜直升机进行海上巡逻，而“贞德”号即使在战时最多也只能搭载11架直升机。由此可见，“贞德”舰要独自面对水下的前苏联潜艇实在力不从心。更何况没有固定翼飞机的空中保障，直升机能否起飞也值得怀疑。因此，一旦战事爆发，“贞德”舰必须依赖陆基作战飞机的保护或编入搭载固定翼战机的航母编队。

平时，“贞德”舰作为训练舰使用。法国海军一向以世界上绝无仅有的“航母远洋训练编队”所“创造的高素质训练水平”而自豪。但这样一艘兼顾了大量其他作战任务的大型战舰长期作为“训练舰”使用，除直升机起降科目之外，未免有大材小用之嫌。据报道，“贞德”号加另一艘驱逐舰或护卫舰的双舰训练编队，一次远航训练仅燃油消耗量就达22000吨之巨。而鉴于经济上的压力，在一些年度的远航中，编队实际得到的燃油只及需求的60%，从而使训练效果无法达到预期。比较其他海军的航空训练舰，英国“百眼巨人”号（A135 Argus）航空训练舰由民用滚装船改装而成，而我国2001年入役不久的“世昌”号国防动员舰除作为航空训练舰外也可兼做货轮及医院船。而专职的直升机航母“贞德”号除了作战训练之外，平时却不能作他用。也就是说它在经济性上有着明显的缺陷。

“贞德”担任主力战舰的话，由于反潜作战能力有限，无法独当一面，而作为训练舰只又耗费过大，因此法国在“贞德”号建成之后便再也没有建造同型的后续舰只。在法国的主战航母2艘克莱蒙梭级中型常规动力航母退役之后，“戴高乐”号核动力航母和在建的新型内燃机动力航母接替了它们的使命，而接替“贞德”号的新一代直升机航母始终不见端倪。

虽然实战价值有限，但是每年“贞德”号都会在其他法国舰艇的伴随下，周游世界，通过远洋航行来训练法国海军未来的官兵。多年来，“贞德”号的足迹遍及世界各个角落，无论如何也忠实履行了训练舰的使命。

1981年，“贞德”号首次来到我国上海港进行访问。1989－1990年，法国海军对其进行了大规模现代化改装，使其能够在21世纪继续服役。

2001年3月16日，“贞德”号和“乔治·莱格”号反潜驱逐舰组成的编队，抵达上海吴淞军港，再度进行了为期6天的正式友好访问。而第2次借道上海的训练远航，已是“贞德”舰的第36次环球之旅。

2004年12月8日，“贞德”号和“乔治·莱格”号再度从母港布雷斯特启程，进行例行的年度远洋训练，此次远洋训练途中预计将访问11个国家，整个行程共计162天，预计将在2005年5月13日返回布雷斯特港。

2004年12月26日，就在“贞德”号编队通过苏伊士运河进入红海的时候。印度洋爆发了大地震和大海啸，这支法国训练舰队遂

■ 泊于土伦港的“贞德”号。

于1月1日受命前往印尼执行代号“鲷鱼”的救灾行动。“贞德”号和“乔治·莱格”号于2005年1月2－6日在布吉地停泊期间，从当地装载了所需物资及人员后，调整了原订的访问计划。1月11日，训练编队从布吉地出发，跳过马斯凯特和科钦港，直接开往印尼海啸灾区，于1月14日抵达印尼亚齐省的米拉务外海。

“贞德”号和“乔治·莱格”号的任务是向灾区提供空运、医疗服务和帮助重建。2艘军舰在到达灾区2天后，于2005年1月16日开始用直升机空运救灾物资，17日为灾民进行疫苗注射和急救，20日舰上官兵登岸协助清理灾区和搭建临时校舍和医护中心。2月5日，2艘军舰圆满完成救灾任务，2月9日，撤离印尼海域，按照原定日程前往马来西亚访问。

在访问马来西亚期间，“贞德”号舰长布莱肯海军上校和“乔治·莱格”号舰长格拉芬海军中校在法国驻马来西亚大使馆武官昆汀·维契海军中校安排下，与马来西亚海军总司令拿督斯里安华诺海军上将举行了会谈。马来西亚海军各部门将官和海军军官学校也组织了参观团，登上法国军舰，进行了观摩学习，参观了舰上的最新设备。2月14日晚上，“贞德”号在飞行甲板上举行了鸡尾酒会，法国和马来西亚海军将士欢聚一堂。

2005年2月17日，“贞德”号和“乔治·莱格”号离开马来西亚，在马六甲海峡与马来西亚海军进行了7个多小时的联合海上军事演习之后，继续进行对其他各国的训练访问。

2009年12月1日，“贞德”号直升机航母搭载585名法国海军官兵，进行其最后一次横穿大西洋与太平洋的旅程，将完成它的历史使命，并从法国海军退役。

“贞德”号直升机母舰数据与性能

■ 正在借助拖轮的力量在港内进行调头的“贞德”号直升机母舰。

舰名	舷号	开工	下水	服役
贞德 Jeanne D’Arc	R97	1960.7	1961.9	1964.7

标准排水量：10000吨

满载排水量：13270吨

主尺度：总长182米，舰宽24米，吃水7.3米

飞行甲板：长62米，宽21米

动力：4台锅炉；2台蒸汽轮机，40000马力，双轴

航速：26.5节

续航力：6000海里/15节

舰员：626名，其中军官30名；另加140名军官实习生

武备：2座三联“飞鱼”对舰导弹发射装置；4座DCN100毫米炮；4挺12．7毫米机枪

对抗措施：2座CSEE/VSEI塞莱克斯八管可旋转假目标干扰发射器

雷达：汤姆森CSFDFBV22I对空雷达；DRBV50对海雷达；DRBN34A导航雷达；汤姆森CSF火控雷达；SRN-6战术空中导航雷达

声呐：汤姆森·辛特拉DUBV24C舰壳主动中频声呐

舰载机：平时4架“云雀”直升机、美洲豹”或“山猫”直升机（战时8架）

"戴高乐"号中型核动力航空母舰

■ 法国海军新世纪（21世纪）里的希望，核动力航空母舰"夏尔·戴高乐"号。从照片中可以看见其搭载着"阵风"式舰载多用途战斗机。

20世纪60年代服役的常规动力航空母舰"克莱蒙梭"号与其姊妹舰"福熙"号令法国海军的远洋作战能力得到了本质的提升，然而法国并没有就此原地踏步。20世纪70年代中期，法国就已开始规划下一代航空母舰的建造计划，但"戴高乐"号的龙骨实际上却是在1989年4月才在法国船舶建造局（Direction des constructions navales，DCN）位于布雷斯特的海军造船厂中安放起建。然而，在一开始规划时该舰原本是被当时的法国总统密特朗（Francois Mitterand）依照法国海军旗舰命名的传统，命名为"黎塞留"号（Richelieu）以承继二次大战时的战列舰"黎塞留"号。但在1989年实际起造时又被当时的总理、戴高乐主义派（Gaullist）的希拉克（Jacques Chirac）命名为"戴高乐"号。

1986年2月，法国国防部长签署了建造航母的命令。1987年1月，首舰"戴高乐"号（R91）在布勒斯特船厂最后完成了设计图。1987年11月开始切割第一块钢板，1989年4月在布雷斯特船厂船坞开始组装。由于冷战时代的结束再加上经济不景气导致的国家财政困难，原订1996年服役的“戴高乐”号工期一再延误，1994年7月才下水，而服役日期一度推迟到1999年。但之后由于又陆续发现核反应炉强度不足而进行补强，与斜向飞行甲板长度不足无法安全起降美制E-2C“鹰眼”空中预警机，而在2000年时又进行了甲板延长改造工程，将斜向甲板的长度增加了4米，也使得正式启用的日程一延再延。直到2000年9月，“戴高乐”号才正式服役。该舰的建造费总共达到170亿法郎（约合29亿美元），且不包括舰载机的费用。

“戴高乐”号全长240.8米，宽31.4米，吃水8.5米，标准排水量35500吨，满载排水量40600吨，主机为2座K-15一体化循环压水堆，总功率76200马力，最大航速27节。编制人员1700人，其中航空人员550人。由于吨位只有美国的同类核动力航母的一半，因此“戴高乐”号只配备了2具舰艏弹射器（美军航母通常为4具），而舰载机的上限也只有美国航母的一半，约为40架上下。

为了将甲板尽可能扩大，该舰采用了外飘设计，使飞行甲板宽度增大许多。该舰飞行甲板长261.5米，最宽处达到64.4米，而水线宽仅为31.5米。这一尺寸不仅较克莱蒙梭级航空母舰51.2米的飞行甲板宽度宽了很多，而且甲板宽度达到了水线宽的2倍，这样的比例

■ 羁留在码头上进行最后舾装的“戴高乐”号。

也属罕见。此外，斜角甲板也较克莱蒙梭级有所增长，全长196.5米，使整个飞行甲板的面积大增。其轴向甲板长115米，斜角甲板长斜角为8.5度，2部美制C-13-3蒸汽弹射器分别设在轴向甲板和斜角甲板的前端。同美国尼米兹级航母采用的C-13-2型弹射器相比，其长度缩短为75米。由于“戴高乐”号是世界上航速最慢的航母，甲板风速低，因此采取了加大弹射器功率、增大飞机离舰速度的办法，从而能够弹射包括“阵风”和E-2C预警机在内的飞机。每次可以140节的速度弹射22吨重的飞机。在斜角甲板上有3道拦阻索，可拦阻140节、19吨重的飞机，另有1道在紧急情况下使用的拦阻网。斜角甲板两侧有宽阔的场地，每一波可起降20架次。

一般情况下，该舰搭载30－33架“阵风M”多用途战斗机和3－4架E-2C“鹰眼”预警机，另有4－6架NH-90直升机。机库位于主甲板上，长138.5米，宽29.4米，高6.1米，面积达4000余平方米。机库内可停放25架“阵风”战斗机或20－25架法国海军现役各型飞机，平均每架约占115平方米。机库两头为航空维修设备舱和维修器材库。一半航空人员的住舱也布置在机库内。

舰上搭载固定翼飞机共35架，其中3架E-2C“鹰眼”预警机，20架“超级军旗”攻击机，12架“阵风”F1战斗机，分别隶属于第4预警机中队、第17攻击机中队和第12战斗机中队。直升机4架，包括2架AS-565“黑豹”直升机或2架AS-322“美洲狮”直升机（空军）或2架“超黄蜂”直升机，以及2架“海豚”搜索与救援直升机。

值得一提的是，E-2C“鹰眼”预警机是法国海军为提高“戴高乐”号早期预警能力而专门从美国引进的。

“戴高乐”号在设计时使用计算机模拟获得了最佳线型，同时采取了提高生存力的措施。水下部分十分平滑，龙骨具有漂亮的防横摇外形。舰艏为封闭型设计，舰体前部切水破浪性能较好，航行阻力小，能有效防止甲板上浪。为了提高抗核爆能力，全舰从飞行甲板到舰底形成一个堡垒式的箱型结构，并按照北约统一的抗核加固标准建造。舰体的水下部分采用多层或双层结构，并增强了舰底强度，从而使其具有较好的抗水下爆炸能力。在舰体的关键部位，如反应堆舱、机舱、指挥中心和弹药库等处均装有装甲防护。

“戴高乐”号的武备主要包括欧洲舰空反导系统（SAAM）。该系统是法国和意大利共同研制的，由4座“席尔瓦”A43八联装垂直导弹发射架（左舷和右舷各2座）、32枚“紫菀”导弹和1部“阿拉贝尔”火控雷达组成。系统的反应时间小于6秒。可同时跟踪100多个目标，并同时制导16枚导弹。“紫菀”15舰空导弹采用惯性制导和中段修正，主动雷达寻的，最大速度在3马赫以上，弹头重13千克，可拦截15－17千米内的飞机或8－10千米内的导弹。为进一步提高防空能力，法国海军计划将A43发射架替换为A50，以便发射“紫菀”15导弹和“紫菀”30导弹。“紫菀”30导弹最大速度超过4.5马赫，拦截飞机的射程大于90千米，拦截导弹的射程为10－20千米。作为“紫菀”15防空导弹系统的有效补充，该航母还装备有2座六联装“萨德尔”点防御导弹系统，发射“西北风”导弹，用于攻击低空飞机和掠海反舰导弹等目标。该系统具有反应速度快（从目标识别到发射导弹只需5秒）、拦截目标多样化和同时攻击多个目标等特点。导弹采用被动红外寻的导引头，具有发射后不管的功能，最大射程为6千米，飞行速度2.5马赫，弹头重3千克，能够攻击掠海面3.04米高度飞行的目标。此外，“戴高乐”号还装备有4座“吉亚特”20F2型单管20毫米防空炮。射速720发/分，射程8千米，弹重0.25千克。

该航母采用单一舰岛，位于上层甲板的右舷。2部升降机在舰岛后侧。舰岛采用隐形设计，外观上呈现出的是斜面和圆角，减小了雷达的反射截面。

上层建筑共分4层，自下而上依次为休息室和气象室、电传室、指挥室、飞行指挥部。全舰共有15层甲板，由纵横舱壁分为20个水密舱段，约有2200个舱室，具有较好的抗沉性。舰上除作战指挥舱室外，还设有餐厅、娱乐休闲场所和医疗舱等生活必需设施，所有舱室都从安全、方便等方面综合考虑，作出了合理安排。

在舰桥上层建筑后部有2部飞机升降机，每部载重35吨，可同时运送2架飞机。它的机库长138米，宽29米，高6.1米，总面积4600平方米，可同时停放25架“阵风M”战斗机。该舰装有SATRAP稳定装置和倾斜补偿装置，可在6级海况下进行起降作业，适合在风浪较大的大西洋海区活动。飞行甲板每天可保证100架次飞机起降，并能持续7昼夜。稳定装置和倾斜补偿系统的采用，使该航母可以在恶劣海况下保证飞机的起降。

为了节约成本，法国海军没有为“戴高乐”号研制新堆型，而是采用了技术成熟的凯旋级核潜艇的反应堆——K15一体化自然循环压水堆装置。该反应堆热功率150兆瓦，具有噪音低、安全可靠性高的特点。缺点是航母的最大持续航速只能达到27节。

该舰装有2座反应堆，每座反应堆重约900吨，布置于机库甲板下中部略靠舰艉处，分设在5个隔舵中。反应堆控制舱居中，两边依次是2个反应堆舱和2个汽轮机舱。其基本工作原理是利用核反应所产生的能量加热第一回路中的高压水，再用第一回路中的水进入蒸汽发生器加热第二回路中的水，使其转化成蒸汽，驱动汽轮机运转。之所以称作一体化核反应堆，就是将蒸汽发生器直接置于反应堆核心部分，连成一体，这样可以减小体积。核反应堆安装在一个严密的水密壳体内，采用高强度的结构钢加以防护，以防止当航母受损时损坏反应堆。堆芯寿命在20年以上。

航母上的电站包括主电站、应急电站和安全电站。主电站为2台2000千瓦的汽轮发电

■ 航行在灿烂阳光中的“戴高乐”号，舰载机已经由试航时的“超级军旗”式部分换装了阵风M。

机。应急电站有2个，各装3台580千瓦的柴油发电机组。安全电站也是2个，各装2台燃气轮机发电机组，可连续向反应堆提供电力，保证反应堆安全运行。

“戴高乐”号作战指挥系统的核心是“西尼特”8作战管理系统。其主要功能是实时处理来自舰上各种传感器的信息，不断更新战术态势，辅助指挥官决策，并管理和控制各种武器系统和电子对抗装置。它可实时处理来自不同传感器的2000个目标信息，并作出恰当反应，在同类系统中性能居世界领先地位。

其对空搜索雷达主要是1部DRBJ-11B三坐标雷达和1部 DRBV-26D远程对空搜索雷达。两者均为汤姆逊无线电公司的产品，DRBJ-11B的工作波段在E/F波段，对飞机搜索距离为366千米。DRBV-26D工作在D波段，对2平方米目标的搜索距离为183千米。对空/对海搜索雷达采用汤姆逊无线电公司的DRBV-15C“海虎”MK2雷达，工作波段为E/F波段，对水面舰艇的工作距离为视距，对2平方米目标的搜索距离为110千米。对0.1平方米目标的搜索距离为39千米，导航雷达为雷卡公司的2部1229（DRBN-34A）型雷达，工作波段为I波段。火控雷达使用1部汤姆逊无线电公司的“阿拉贝尔”多功能三坐标雷达，工作在I/J波段，可跟踪50个目标，对2平方米目标的搜索距离为70千米，对导弹的搜索距离为20千米。还有1部“塔康”NRBP-20A进场管制雷达。

■ 1架隶属于“戴高乐”号的舰载直升机正在飞过该舰上空。

声呐系统采用1套SLAT鱼雷攻击告警系统：电子战设备主要有1套AR-BR-21截获装置，1套SAT-DIBV-2A“旺皮尔”红外搜索跟踪系统。2台ARBB-33干扰机，4座10管CSEE“萨盖”AMBL-2A瞄准式诱饵发射装置，箔条射程8千米，红外照明弹射程3千米。此外，该航母还装备有2部“萨吉姆”VI-GY-105光学指挥仪。

“戴高乐”号航空母舰贵为法国海军，乃至当今欧洲海军第一舰，堪称欧洲海军一颗耀眼的明星。然而由于法国海军首次建造这样一艘大型核动力水面舰艇，在造船设备等硬件设施以及技术经验等软件上，还存在着一些不足，注定了“戴高乐”号的明星之路并不顺畅。

该航母于1999年1月开始海试。在试航时，航母的船舵系统出现不正常颤动，同时发现由于斜角甲板设计长度太短，在某些情况下E-2C“鹰眼”预警机无法正常使用。为此，法国将斜角甲板延长了4.5米。2000年11月在北大西洋进行首次远航试验时，当其以25节航速从法属西印度群岛的瓜德罗普岛驶往美国诺福克海军基地途中，一部螺旋桨桨叶损坏，落入海中，最后不得不依靠单桨以14节航速驶回土伦港。据法国海军称，事故原因是由于螺旋桨的金属质量或设计缺陷所致。作为应急措施，法国海军为“戴高乐”号航空母舰换上了退役的“克莱蒙梭”号航空母舰的备用螺旋桨。事后，又向罗尔斯·罗伊斯公司的一个子公司订购了2只螺旋桨。

上述事件作为“戴高乐”号航空母舰问世不久的小插曲，不仅使其经受了考验，而且也使法国海军积累了宝贵的经验。根据法国海军的战略，应该有2艘航母，以确保在其中一艘进厂维修时，也还有一艘可以值勤的配置方式。因此，除了目前拥有的“戴高乐”号外，法国海军仍然需要建造另一艘航空母舰，才能完成理想的编制。然而，由于“戴高乐”号的建造费用太过昂贵，法国政府并没有打算兴建另一艘同级舰，再加上近年来欧洲逐渐在政经军事方面趋向统合，因此，与其他国家采取相同标准以节省建造成本已是主流趋势。在这样的背景下，下一艘法国航母极有可能是采用与英国合作开发的方式建造。虽然法国方面较偏好使用核动力来驱动船只，但考量到英国皇家海军的低建造成本要求，2004年，法国总统希拉克曾正式公布，法国下一艘航空母舰将会用传统动力系统，考虑搭载燃气涡轮引擎作为动力。

2009年，“戴高乐”号航母的汽轮机舱又出现剧烈震动，2个连接涡轮机及其轴线的零件发生了故障。此外，该航母上还发生过方向舵震颤、隔音不完全，核反应堆耐压壳龟裂等多方面涉及动力装置的突出问题。而英国人在燃气轮机领域的成熟经验及其所带来的巨大好处，博得法国人的认同，使其逐渐改变了原先的观念。如今，执拗的法国人不再坚持选用核动力装置，转而决定采用燃气轮机，与英国合作开发下一代PA-2航母。

■ 并排航行中的美国航母“企业”号（左）与“戴高乐”号（右）。照片充分揭示了中型航母和大型航母的差距。

■ “戴高乐”号与美国海军“斯坦尼斯”号（CVN-74）编队航行于阿拉伯海，照片拍摄时间为2007年3月25日。

“戴高乐”号中型核动力航空母舰数据与性能

舰名	舷号	开工	下水	服役
夏尔·戴高乐 Charles De Gaulle	R91	1989.4	1994.5	2001.5

标准排水量：36600吨

满载排水量：39680吨

主尺度：总长261.5米，水线长238米；舰宽64.4米，水线宽31.5米；吃水8.5米

飞行甲板：长261.5米，宽64.4米

动力：2座K15压水堆，300兆瓦，2台奥斯瑟姆汽轮机，83000马力，双轴

航速：27节

舰员：1150名，航空人员550名，旗舰人员50名；共有铺位1950个，另可增加800个海军陆战队临时铺位

武备：4座8单元“紫菀”15对空导弹垂直发射装置；2座六联马特拉萨德拉尔对空导弹发射装置；8座“盖特”20毫米炮

对抗措施：4座“萨盖”十管可旋转假目标发射器；达索LAD舰外假目标发射器

作战数据系统：西尼特8战术数据系统；11、16号数据链；锡拉库斯舰队卫星通信系统；AIDCOMER指挥支援系统

雷达：汤姆森CSF DRBJ11B三座标对空雷达；汤姆森CSF DRBV26D对海雷达；汤姆森CSF DR-BVI5C“海虎”对海雷达；雷卡1229导航雷达；汤姆森CSF阿拉贝尔三座标火控雷达；NRBP20A战术空中导航雷达

舰载机：35—40架，包括“阵风M”、“超级军旗”、E-2C“鹰眼”预警机和AS565“黑豹”直升机

无敌级轻型航空母舰

■ 从左舷拍摄的英国皇家海军“无敌”号航母（R-05）航行特写，时间为1982年1月1日。

老牌海上强国英国曾是世界航母强国，在二战结束时，英国皇家海军曾拥有52艘各型航母。此后，由于二战以后亚非拉国家纷纷独立，英国失去了绝大部分殖民地，国力日衰，英国海军也逐渐步入低谷，从一支“世界舰队”沦为北约防御体系内的一个普通组成部分。20世纪60年代，随着4艘二战时期留下的老航母退役，英国航母已经只剩下2艘20世纪50年代初服役，标准排水量54000吨级“鹰”号和“皇家方舟”号航母，还有1艘1959年服役，标准排水量23900吨的“竞技神”号轻型航母。

英国皇家海军原本打算建造CVA-01号攻击航母，但由于国内经济不振，政府决定不再建造新航母，这意味着固定翼舰载航空兵将从皇家海军舰队中消失，对这个传统海军大国的航母事业无疑是一个沉重打击。但是，由于冷战还在继续，而前苏联的战略核潜艇发展迅速，因此海军并没有放弃反潜直升机。而航母将逐渐在皇家海军舰队中消失，因此需要有一种能搭载反潜直升机和代替航母指挥舰功能的新舰，于是皇家海军巧妙地提出了指挥巡洋舰的概念。1966－1967年的皇家海军参谋部需求书中规定了该指挥舰能提供指挥控制一个由舰船、飞机和潜艇组成的大的反潜部队的设施，并且有能装载和运用重要的反潜直升机和辅助舰队防空的设备。为了满足这些要求，设计了一个装有“海标枪”舰空导弹系统和载6架“海王”反潜直升机及1000名舰员的12500吨的军舰。该舰从侧影上看很像意大利的直升机巡洋舰，其特征是船首部装有导弹、中部是上层建筑和机库，尾部是飞行甲板。经过进一步研究发现，如果直升机增加到9架，那么作战效率将有很大的提高，但这必须把机库移到下甲板，同时机库甲板和飞行甲板之间要装升降机。排水量必须增加到17500吨，而且为了给出最大的飞行甲板作业面积，将上层建筑移到右舷，飞行甲板成为全通的甲板。

由于那时英国政府已决定不再建造航母，所以设计师们必须编出种种理由来迷惑不懂行的社会政治家，这些人虽然倾向反对建造航母，但实际上并不了解航母的详情。当时的设计师们演出了一场重新创造航母的滑稽戏，把飞行甲板称为全通甲板（throughdeck），而把该舰称为全通甲板指挥巡洋舰。

由于20世纪70年代早期的经济问题，新型指挥巡洋舰的开发进展相当缓慢，不过船身的设计则进行得如火如荼。按照皇家海军参谋部的要求，新型舰将作为编队指挥舰，舰载“海王”反潜直升机执行反潜战任务。

该级舰的设计班子由英国海军造船部的奥斯汀领导，于1970年完成了方案设计。几经修改，创造出新型的指挥巡洋舰（轻型航母）概念。与同期英国的虎级巡洋舰相比较，该级舰有很大差异，结构设计采用了有限元分析方法。该级舰从传统的重量控制设计转变到容积为主要控制因素，安装具有复杂电子控制系统的现代制导武器代替过去相对简单而笨重的火炮系统；以先进传感器和指挥控制系统为重点；提高海军人员舒适性标准；满足直升机加上维修车间和备件舱所需要的空间；燃气轮机代替了传统的笨重的蒸汽动力；引入了先进的整机替换维修方式。而该结构设计方法的改进减轻了舰体结构的重量。

而由于大型反潜直升机和后来新增的舰载“海鹞”飞机的容积系数很低，因此需要很大的空间，所以在航母设计中机库要有足够大的尺寸去装飞机，而且要为未来的舰载机上舰留有足够的空间储备。机库以下设的通道甲板和机库以上公共舱室的容积也都很大。直通飞行甲板的长度要能保证有6架直升机无障碍的起降点和1条短距滑跃起飞跑道。而在飞行甲板之前要安装“海标枪”区域防空导弹发射系统对空间、重量、技术服务和武器控制要求都很高。而由于选用了新式燃气轮机作为舰的主动力装置，因此和原先的蒸汽动力相比，对该舰的设计改动非常大。

由于与过去的军舰设计方案差异很大，因此在建造过程中，将通过更换重要设备而不是现场维修的办法达到舰的最佳的可用性。

这是一艘英国海军二战以来成功设计的容积大，而排水量中等的军舰。所以该舰相对吃水浅而干舷高。这为适航性带来了好处，但风阻和高质心导致大宽吃水比，由此影响到该舰设计的许多方面。燃气轮机的进、排气道容积大，众多的通信、雷达电子天线引起该舰的岛形上层建筑很长。这种窄而长的结构为内部通道和飞行甲板设计带来许多问题。舰体的构形已经影响到有较大的宽吃水比，由此引起阻力略有增加。水线以上的形状有全舰长范围内的大外飘，为了平衡同舰岛有关的偏心重量，这个外飘设定为向左舷方向。

在设计初期利用不同舵布置方案进行了航向稳定性和机动性的试验。选择了一种具有优异的航向稳定性和对操舵响应快的方案。

对于设计这样一艘载飞机和有大的侧开口的航母来讲，运动和淹湿性是重要的操作因子。“无敌”号航母因此进行了大量试验和计算研究。英国海军规定的横摇标准是，在7级海情、迎浪以18节航速航行情况下横摇角出现大于－5度的百分比不得超过30%。“无敌”号航母装有2对不可收放式减摇鳍。经过数据分析表明完全满足上述指标要求，并满足适航性要求。

皇家海军经过一番努力后，该级舰的首舰“无敌”号终于在1973年被批准建造。1号舰的建造合约于1973年4月17日授予维克斯造船厂，当年7月正式动工。其排水量增加到19500吨，预计能装载9架“海鹞”式垂直/短距离起降飞机。

由于维克斯造船厂经常发生罢工和纠纷，无敌级2号舰“卓越”号和3号舰“皇家方舟”号第2艘、第3艘分别于 1976年5月、1978年12月订购，改由斯旺·亨特造船厂建造。“无敌”号和“卓越”号造价1.85亿英镑，“皇家方舟”造价则达到2.20亿英镑。

1975年5月，英国政府正式授权生产海军版“鹞”式战斗机，具有战斗和侦察能力的“海鹞”垂直短距起降飞机将承担区域防空任务。为了使原本的陆基“鹞”式飞机适应轻型航母舰载，能够在较小的舰上起降，新型“海鹞”式战斗机进行了不少改进。该机安装了很多新武器成为多用途飞机。其中包括雷达和武器计算机。为了使其与军舰的环境相容，更换了镁合金构件，并装设了栓系固定点。为了便于着舰作业，使飞行员有更广的视野，升高了座舱的位置。“海鹞”相对于“鹞”式最大的改进在于，起降时消除了对飞行甲板上的弹射、阻拦设备的需求，但由于采用了矢量推力技术，起降时喷嘴旋转调节使飞机保持在最佳的平衡位置却十分复杂，燃耗也很高。为了降低能耗，提高有效负载，利用空气的动升力，采用了短距起飞方式。

为了能在无敌级上搭载“海鹞”，无敌级也进行了相应的改装。在直通式飞行甲板

■ 返航即将驶入朴茨茅斯港的“无敌”号航空母舰，甲板上正整齐摆放着4架“海王”式直升机。

■ 停泊于“无敌”号甲板上的“海王”式舰载直升机。

上增加了长167.64米，宽12.19米的短距斜角起飞跑道，1号舰“无敌”号及2号舰“卓越”号为7度倾斜角，3号舰“皇家方舟”号则为12度。为了让开首部安装的“海标枪”区域防空导弹发射装置，这个跑道略向左舷偏。除了飞行甲板上的6个直升机起降点外，原先位于尾部右舷侧的4个飞机起降点根据“海鹞”的性能特点进行了改装。左舷侧和右后舷侧设有通道，飞行甲板上设有完善的消防、飞机加油和泄油、高低压压缩空气、飞机电源、目视着舰信号（“海鹞”进场路线指示器）等航空作业辅助设施。位于舰桥后部的飞行管制室（FLYCO）内设有向飞行中的飞机、飞行甲板上的飞机、飞行甲板上的飞机调度员、司令部和飞机维修中心通信的舰内通信系统。舰岛内设置的飞机调度员、飞机管制、消防、飞行甲板舱库、技术汇报和飞机武器准备等舱室。这些设施都与“海鹞”的起飞和着舰方式相匹配，有别于常规的起降飞机。

在机库甲板上，布置的决定因素是航空设施的安排。除具有存放飞机的机库外，还有加油、重新装武器、飞行前检查、维修保养等设施。机库的舱壁都是双层的，其内布设飞机维修设施和零备件、工具储藏室。大修工作集中在机库的前端，这里有1部门式起重行车，能为飞机换装发动机和其他大件服务，这些都能保证飞机的在航率。发动机、机架、飞机电气系统、武器系统等专门车间布置在机库的四周，为飞机提供1－2级维修

■ 正在进行滑跃起飞的“海鹞”式舰载机。

■ “无敌”号于演习中的空拍俯视，拍摄时间为1991年10月7日。

保养。此外，还有一些同飞机飞行有关的舱室，如降落伞修理、救生筏和飞行服储藏室、空勤人员简令室、飞行作业指挥室，这些舱室既靠近机库，又根据其功能很容易同飞行甲板相通。

与传统技术相比，无敌级新研制开发的特征主要有两点：一点是电动飞机升降平台；另一点是滑跃式起飞跑道。升降机由于运行中出现可靠性问题，后来被取消。由于滑跃式起飞跑道是抛物线斜升，增加了首部干舷，对舰的适航性有利，也为飞机起飞离舰增加了安全度。但是，由于它是曲面，不是平甲板，因此在舰上这一部分飞行甲板无法停驻飞机。故而减少了飞行甲板上的停机面积，即减少了停机架数，间接引起飞机的发射量的降低。

1980年7月，“无敌”号正式加入皇家海军服役。而英国的2艘54000吨级航母“鹰”号和“皇家方舟”号在20世纪70年代已经先后退役。1982年4月，英阿马岛之战拉开战幕。英军派出了“竞技神”号航母和“无敌”号为主的特混舰队，2舰共载有20架“海鹞”式战斗机，后来利用2艘集装箱船运来了8架“海鹞”式战斗机和14架空军的“鹞”式攻击机。虽然英军无法彻底掌握马岛上空的制空权，但28架“海鹞”式战斗机总共出动1190架次，在空战中击落阿方20架飞机，自己没有1架在战斗中被击落，战果依然可以令人满意。使用垂直起降飞机的轻型航母在实战中证实了它的价值。

英阿马岛海战严酷的现实说明，没有海军舰载航空兵的参加，很难取得现代海战的胜利，血的代价使英国社会政治家转变了对航母的立场。英国国民也因为马岛之战唤起了心中对过去拥有大规模航母编队历史的荣誉感，普遍对英国海军将在“竞技神”号退役之后，再没有航母感到遗憾。为此，英国皇家海军不再遮遮掩掩，正式将无敌级改称为“反潜航母”。原先英国政府已经敦促皇家海军将无敌级中的1艘卖给澳大利亚，但此时出售计划被断然取消。1982年6月，“卓越”号加入现役。1984年，“竞技神”号退役，被转卖给了印度海军。而在1985年11月，无敌级第3艘“皇家方舟”号加入了皇家海军序列。至此，皇家海军序列中依然保有3艘航母，英国航母起死回生。

1989年1月，“无敌”号完成了为期27个月的现代化改装，改装了滑跃式跑道，使升角达到12度，增加了飞机停放空间和支援设施，使载机量至少达到21架（“海鹞”式战斗机及“海王”空中早期预警和反潜直升机）。加装了3座“守门员”近程防御系统、2016型舰壳声呐、“海蚊”诱饵、996型雷达和指挥控制设置，还增加了120名航空和编队司令部人员的铺位。

1994年2月，“卓越”号也完成了30个月类似的现代化改装，达到了与R05舰同样水准，但对指挥和武器系统又作了进一步改装。另外，“卓越”号还安装了新型桅杆和用于箔条发射装置的新舷台；首楼的右舷侧加装了顶层甲板以提供更多的飞机停放空间，在其下则是航空人员的简易房间。滑跃式起飞跑道的上斜角增加到13度。

1998年中期，“无敌”号和“卓越”号再度进行改装，以搭载空军的“鹞”GR7型攻击机。该项改装包括拆除“海标枪”导弹发射装置、增加7%的飞行甲板面积和安装支持“鹞”GR7型攻击机的设施。1998年晚些时候，开始对“皇家方舟”号也进行了上述所有项目的改装。通常该级舰只有2艘在航，第3艘舰处于改装、维修或待命状态。

1998年1月18日，“无敌”号搭载7架“鹞”GR7攻击机和12架“海鹞”FA2战斗机出航，开始执行混合配置后的首次作战使命——配合美军对伊拉克实行空中打击。

1998年夏，“无敌”号和“卓越”号2艘航母参加了北约“坚定决心”联合军事演习。这一次，“卓越”号搭载1个由“鹞”式攻击机和“海鹞”式战斗机组成的混编大队，“无敌”号则搭载1个海陆军混合直升机大队和700名海军陆战队员，从而全面实现了“由海向陆”的作战概念，无敌级航母承担起了新的作战使命。

2003年，“皇家方舟”号参加伊拉克战争，舰载“海鹞”式战斗机执行了对地攻击和火力支援任务。不幸的是，其舰载直升机发生了空中相撞事故，造成很大的人员伤亡。

随着伊丽莎白女王级航母的建造计划提出，“无敌”号在服役25年之后，于2005年7月退出现役，改为预备役直至2010年。如今，“卓越”号已取代“无敌”号成为皇家海军的旗舰，预计将于2012年退役。“皇家方舟”号则将于2015年退役，届时将由2艘新型伊丽莎白女王级航母取而代之。

■ 无敌级“卓越”号（R06）舰艏特写，照片拍摄于2007年7月29日。

无敌级轻型航空母舰数据与性能

舰名	舷号	开工	下水	服役	退役
无敌 Invincible	R05	1973.7	1977.5	1980.7	2005.7
卓越 Illustrious	R06	1976.10	1978.12	1982.6	
皇家方舟 Ark Royal	R07	1978.12	1981.6	1985.11	

满载排水量：19500吨（初期）/20600吨（改装后）

主尺度：总长209.1米，水线长192.6米；总宽36米

飞行甲板：长167.8米，宽13.5米

航速：28节

续航力：7000海里/19节

■ 改建中的“无敌”号，照片摄于20世纪90年代中后期。在这次改造中，该舰拆除了舰艏的“海标枪”发射架，延长了舰艏位置的飞行甲板。

人员编制：685人，其中60名军官；航空人员366人，其中80名军官；600名海军陆战队员

动力装置：COGAG，4台罗尔斯—罗伊斯公司的“奥林普斯”TM3B燃气轮机，持续功率97200马力，双轴

导弹：1座双联装英国宇航公司的“海标枪”舰对空导弹发射装置，雷达/半主动雷达寻的，射程40千米，飞行速度2Ma，对空射程100—18300米，备弹36枚

舰炮：3座美国20毫米6管MK15“密集阵”速射炮（R07号舰），射速3000发/分钟，组合射程1.5千米。3座荷兰电信/通用电气公司的7管30毫米“守门员”速射炮（R05号舰和R06号舰），射速4200发/分钟，射程1.5千米。2门厄利孔/布马克公司的20毫米GAM—B01速射炮，射速1000发/分钟，射程2千米

对抗措施：8部“海蚊”130毫米诱饵发射装置，装有美国“大草原”气幕噪声抑制系统。雷卡—索恩公司的UAT电子侦察设备，索恩公司的675（2）型电子干扰机

作战数据系统：ADAWS10，ADIMP10（R06号舰）作战数据自动处理系统。10号、11号、14号数据链和西门子—普莱西公司的JTIDS16号数据链，JMCIS。马特拉—马可尼公司的“赋税”2C（R05号舰）或2D（改装后的R06号舰和R07号舰）卫星通信设备

火控系统：GWS30Mod2舰空导弹指挥仪

雷达：马可尼/电信公司的1022型雷达，D波段，搜索距离265千米；马可尼公司的992R型雷达（R07号舰）或普莱西公司的996（2）型雷达（R05号舰和R06号舰），E/F波段；2部凯尔文—休斯公司的1006型（R05号舰和R07号舰）、1007型（R06号舰）雷达，I波段；2部马可尼公司的909型或909（1）型（R06号舰）雷达，I/J波段

声呐：普莱西公司的2016型舰壳声呐，主动搜索与攻击，中频

固定翼飞机：9架FA2“海鹞”垂直/短距起降战斗机和6架“鹞”GR7型攻击机

直升机：9架“海王”HAS6反潜直升机或EH101“默林”直升机。3架“海王”空中早期预警机（AEW2）

“海洋”号直升机母舰

■ 使用了无敌级基础设计来建造的“海洋”号。

3艘无敌级航母服役之后，为了继续增强海军实力，英国皇家海军于1987年正式提出建造“海洋”号航母的计划。但是由于当年西方世界发生经济危机，财政无力承担建造航母的高额费用，这项造舰计划不得不一再推迟。1993年，随着英国国内经济复苏，而联合国可能在波黑采取军事行动，英国政府又将航母建造计划提上议事日程，在追加了6500万英镑预算后，1993年5月11日，海军正式与维克斯造船工程公司签订了价值1.7亿英镑的“海洋”号建造合同。1994年5月正式开工建造，1995年10月下水，1998年3月进入皇家海军战斗序列服役。

“海洋”号直升机航母基本上以英国的无敌级轻型航空母舰为蓝图设计，其舰型、舰体结构、设施布置等方面与后者有许多相似之处，但在航空设施、武器系统、动力装置及技术性能方面则有较大不同。该舰舰体采用了商船标准建造，虽然这样做减少了制造难度，降低了成本，但对舰体的性能、结构强度和生命力都不免产生影响。

“海洋”号主甲板采用通长甲板，其上层建筑呈长条形，布置在舰艇右舷中部位置，长度约为舰长的一半。上层建筑前端顶层设置有驾驶台、飞机指挥室和雷达操纵室等，视野宽阔，便于瞭望；上层建筑内部设有各种工作、生活舱室。主桅杆上分别设置有对空对海搜索雷达、飞机控制雷达、卫星通信系统等电子设备。

航空设施是“海洋”号的重要设备，主要包括飞行甲板、飞机升降机及机库等。由于飞行甲板采用直通式设计，因而显得十分宽阔，其长度达170米，宽度为 32.6米，共设有6个飞机起降点。由于主要用于搭载直升机，飞行甲板首端不设无敌级航母那样的滑橇式甲板。2台飞机升降机设置甲板中央，它们与飞行甲板下面设置的巨大机库相连，可用于将飞机下放到机库内，或从机库提升至飞行甲板上。该舰宽阔的飞行甲板，可搭载18架直升机，设在飞行甲板下的机库亦可装载12架直升机，舰载直升机总数达30架，但平时只载18架。可选载的机型主要有“海王”、EH101、“山猫”等直升机，当执行对地或对舰攻击任务时，也可以换载数量不等的“海鹞”式垂直/短距起降飞机。

“海洋”号是一型具有多种作战能力的大型舰艇。首先，该舰具有与美国两栖攻击舰（如塔拉瓦级）相类似的功能和技战术特点，因此它又被称为“直升机两栖攻击舰”。该舰能够将大量登陆人员、直升机、登陆艇、气垫船、装甲车辆及其他作战物资快速、及时、远距离地运往作战海区；能够同时使用直升机、“海鹞”垂直/短距起降飞机及各种运载工具对登陆地域发动快速、突然的立体攻击，因而完全能够胜任一般两栖攻击舰所担负的两栖作战任务。

在1982年的英阿马岛之战、1991年的海湾战争以及1993年波黑军事干预等作战行

■ 完成了船体舾装，驶往海上进行试航时的“海洋”号。

动中，无敌级航空母舰一直是英国优先动用的军事力量。但是无敌级只具备空中打击能力，并不具备能够最终解决问题的运输登陆兵上陆的能力，这一直是一个令缺少两栖舰艇的英国海军烦恼的问题。而同时具备航母和登陆功能的“海洋”号的建成无疑将使这一问题迎刃而解。由于该舰不仅能够搭载作战飞机，而且可用于运送陆战部队、登陆艇和装甲车辆，并能够指挥和协调它们之间的作战行动，集陆、海、空作战功能于一身，因而被认为是替代或协同无敌级承担海外作战和军事干预任务的最合适的兵器。

“海洋”号如同航空母舰那样，设有直通甲板、起降设备和机库，其满载排水量达到20500吨，超过本国的无敌级（初建时）、意大利的“加里波第”号和西班牙的“阿斯图里亚斯王子”号航母，其搭载的飞机，可用于对空、对海作战，而且舰载机总数多于上述轻型航母，因此，它不仅可用于执行两栖作战任务，而且也能够像一般轻型航母那样，担负局部海域的制空、制海作战任务。在担负这一任务时，可由“海洋”号直升机母舰、若干艘导弹驱逐舰、导弹护卫舰和潜艇共同组成作战编队，并由“海洋”号作为编队的指挥舰，在指定的作战海域，遂行防空、反舰、反潜、护航等作战任务。部署这样一个作战编队，其控制的作战空间（包括空中、水上、水下和陆地）及打击范围可达数百千米，虽比不上大型航母战斗群，但与部署一支轻型航母编队相比则毫不逊色。

“海洋”号不仅可用于执行多种作战任务，而且在和平时期也可用于执行诸多非军事任务。例如，利用其舰内设置的宽敞居住舱室，可作为人员输送船，承担联合国维和部队人员的运送任务或撤离侨民和难民的任务；利用其货物装载量大的特点，可作为货物运送船，执行向灾区运送救灾物资进行人道主义援助的任务；利用其舰上配备的医疗设备，可作为海上流动医院船，为伤病员和灾民提供医疗救护服务等。

2003年，“海洋”号与“皇家方舟”号一同参加了伊拉克战争。

2007年9月，“海洋”号进行了为期12个月价值3000多万英镑的复杂的升级和维护。在完成了维护和升级的主要工作阶段后从普利茅斯港口开始试航，完成紧张的海上测试之后，于2008年10月恢复服役。2008年11月海上训练前，测试项目最初集中于海上安全设备，接着逐步加强仪器校准，再进行直升机飞行训练。

最新的升级是为了体现“海洋”号的“世界任务”的特点，升级了膳宿条件和远洋能力，其中包括许多个“第1次”和许多重大挑战。除了进行改善船员生活条件的改造外，还装备了当今最先进的通信设施和防卫系统，升级舰船对直升机行动包括对阿帕奇武装直升机的支持。通过对成本效率的最佳化设计，联合小组为改装计划节省了250万英镑。

2010年2月，“海洋”号在北海海域进行了最新一次军事演习。

■ 完成后的“海洋”号直升机母舰。该舰具备一定的两栖攻击舰功能。

■ “海洋”号舰桥部分结构特写。

“海洋”号直升机母舰数据与性能

舰名	舷号	开工	下水	服役
海洋 Ocean	L12	1994.5	1995.10	1998.3

满载排水量：20500吨（初建时）/21759吨（改装后）

主尺度：总长203米，垂线间长193米，舰宽36.1米，吃水6.6米

飞行甲板：长170米，宽32.6米

动力：2台皮尔斯蒂克400柴油机，23904马力，双轴，可调距桨，首部有侧推器

航速：18节

续航力：8000海里/15节

舰员：255名，航空人员206名，陆战队员480名

运载能力：4辆车辆人员登陆艇（LCVP），40辆坦克和1个海军陆战队突击营的大部分装备

武备：4座“厄利孔”双联30毫米炮，3座Mk15“密集阵”近防炮

对抗措施：8座“海蚊”130毫米/102毫米假目标发射器，DLH舷外假目标

作战数据系统：费伦梯战斗数据自动化武器系统2000，11号、14号、16号数据链，马可尼-马特拉卫星通信系统1D，默林计算机数据链

雷达：普莱西996对空雷达；凯尔文-休斯1007对海雷达

舰载机：12架“海王”、6架“山猫”直升机

"维托里奥·维内托"号直升机巡洋舰

■ "维托里奥·维内托"号直升机巡洋舰的英姿。

意大利位于欧洲南部，就像一只伸入地中海的大皮靴，具有举足轻重的战略地位。意海军可以有效地扼制东西地中海，夺取地中海制海权；同时长达7000多千米的海岸线又易遭受来自各个方向的海上攻击。因此，海上力量的发展历来受到意大利的高度重视。虽然在二战中战败，海军实力几乎损失殆尽，造船设施也遭到严重毁坏，但战后意大利在西方盟国的帮助下，很快得到了恢复。20世纪60年代以来，意大利自行研制建造了一批性能先进的舰艇，一直维持着一支规模不大却装备精良的海军舰队。

二战前的意大利由于战略思想有误，始终拒绝发展航母。经过二次大战的惨痛教训，意大利海军已经深刻意识到大舰巨炮时代已过，直升机和舰载机在海军舰船的应用已成为趋势。但是发展航母对意大利而言并不实际，意大利毕竟以在地中海作战为主，而且没有建造航母的经验。冷战初期，前苏联大力发展潜艇，意大利海军意识到仅仅发展大型水面战舰，无法对抗前苏联不断壮大的水下力量。于是，意大利将建造能装载更多直升机、以反潜作战为主的大型舰艇定为意大利海军新的发展方向。在总结安德烈亚·多利亚级建造和作战使用的经验和教训后，新一级载机巡洋舰开始建造，并于20世纪60年代末期入役。这艘名为“维托里奥·维内托”号的巡洋舰，与同一时代的前苏联莫斯科级直升机母舰齐名，整体设计效果甚至比莫斯科级更佳，被认为是巡洋舰与载机舰合二为一的杰作。由于该舰已经能够搭载直升机，因此西方国家普遍将之视为直升机航空母舰。

“维托里奥·维内托”的舷号为C550，由意大利造船集团斯塔比亚造船厂建造，1965年6月10日动工，1967年2月5日下水，1969年7月12日服役。服役后一直作为舰队的旗舰，率领中型水面舰艇编队在中近海执行反潜、反舰和防空作战任务。后来于1981—1984年曾进行过现代化改装舰长179.6米，宽19.4米，吃水6米，标准排水量7500吨，满载排水量9500吨，航速32节，续航力5000海里/17节，人员编制557人（其中53名军官）。

“维托里奥·维内托”号的外观十分独特，采用类似民用舰船的尾楼甲板船型，即从舰艉到中前部的舰体高出一层甲板。该舰的机库就设在舰艉直升机飞行甲板下，这样能够保证机库拥有足够高度。舰艏尖瘦，下设声呐导流罩。舰体中部和尾部较宽，水线以上舷侧宽度变化不大，为舰内和飞行甲板提供了更大的空间。舰体舭部设有较长的一段舭龙骨，中部设有2对减摇鳍，这些设计能够减小舰体在风浪中的摇摆程度，为直升机起降创造更好的条件。舰艉布置有双桨双舵。

上层建筑集中在舰体中前部，具有典型的巡洋舰风格。舰桥高大，位于中前部，顶层由前至后依次布置1部SPG 70火控雷达、2部SPG 55C火控雷达。舰桥前布置1座“达多”式40毫米舰炮及SPG 74型火控雷达。舰桥后端和后部上层建筑顶层分别建造了1座结构相同的塔式烟囱桅，前桅顶端布置SPS 702型对海搜索雷达和SPS 52C三坐标远程对空搜索雷达；后桅顶端布置SPS 768型对空搜索雷达。后桅后方的飞行控制室上还由前往后梯次布置了SPG 70型和SPG 74型火控雷达，飞行控制室2舷侧设有2座76毫米舰炮。其他舰载武器装备主要布置在上层建筑四周与直升机甲板同一层的甲板上，其中舰桥前2舷侧共设4座 76毫米舰炮，舰体中部2舷侧共设4座反舰导弹发射装置，其后为另2座76毫米舰炮，上层建筑后端2舷侧设有2座三联鱼雷发射装置，其后设另外2座“达多”式40毫米高平两用炮。1座双臂式“标准”舰对空/反潜导弹发射装置安装在上层建筑前的上甲板上。

■ 从舰艇拍摄的“维托里奥·维内托”号，可见其尾部炮组和直升机平台。

直升机甲板位于舰艉，长40米，宽18.6米。1部中间式升降机位于飞行甲板前部，用以在飞行甲板和机库间运送直升机。该舰一共可搭载6架直升机。

“维托里奥·维内托”号的动力装置为当时该类舰典型的蒸汽动力。主机为4台福斯特－韦勒公司的锅炉，压力4.9兆帕，蒸气温度450摄氏度。锅炉产生的高压蒸气推动2台汽轮机，总功率73000马力。

现代舰艇讲究具备全方位攻击能力，“维托里奥·维内托”号具备全面的对空、对岸、对舰、对潜作战，都有令对手致命的武器。意大利海军一直将“维托里奥·维内托”号和后来的“加里波第”号轻型航母视为海军的骄傲。

“标准”SM-1ER舰对空导弹是该舰最主要的对空作战利器，由“紫菀”双联装MK 10 Mod 9型导弹发射装置发射。导弹采用指令制导，半主动雷达寻的，射程64千米，飞行速度2.5马赫。导弹发射完后具备再装填能力，该舰最大载弹量可达60枚。此外，该舰的3座布雷达公司生产的双联装“达多”40毫米舰炮承担近程防空作战任务。这型舰炮仰角85°，射速300发/分钟，对空射程4千米，弹重0.96千克。

战舰对陆攻击在相当长的时间内，在任何一个国家的海军中都不是主要任务，因此对岸作战也是该舰的相对弱项，但舰载8座“奥托·梅莱拉”76毫米舰炮也能对岸上的敌方设施进行密集火力打击。该型炮仰角85°，射速55－65发/分钟，射程8千米，弹重6千克。

4枚奥托·梅莱拉公司的“奥托马特”MK 2型反舰导弹在该舰对舰攻击中能起到重要作用。导弹由“特赛奥”发射装置发射，采用惯性巡航，主动雷达寻的，飞行速度0.9马赫，射程180千米，战斗部重210千克，攻击末段采用掠海飞行。除反舰导弹外，8座76毫米炮和3座双联装40毫米炮也可用于对舰作战，其中“达多”40毫米炮的对舰射程为12.5千米。

对潜攻击是“维托里奥·维内托”号的强项，也是设计该舰的初衷。该舰装备有远、中、近3层反潜武器装备。

舰载6架AB 212型反潜直升机承担远程反潜作战任务，该型直升机最大航程为667千米，携带吊放声呐浮标进行探潜，可用机载的2枚MK 46鱼雷进行攻击。另外，直升机也可将探测到的敌方潜艇信息传给母舰，引导舰载反潜武器进行攻击。

中程反潜作战由舰载“阿斯洛克”反潜导弹完成，与舰对空导弹共架发射。该导弹采用惯性制导，射程1.6－10千米，战斗部为MK 46鱼雷。导弹的射程加上鱼雷自身的射程，理论上能使敌方潜艇在尚未达到自身鱼雷攻击距离时，就先遭到打击。

近程反潜武器是舰载MK 46反潜鱼雷，由2座美制MK 32三联装324毫米鱼雷发射管发射。该型鱼雷采用主/被动寻的，航速40节，射程11千米，战斗部重44千克。

■ 暮色中的“维托里奥·维内托”号直升机巡洋舰。

依托“维托里奥·维内托”号的庞大舰体，经过现代化改装后，这艘作战功能强大的直升机巡洋舰上的电子设备更为突出。休斯公司的SPS 52C远程三坐标对空搜索雷达，E/F波段，搜索距离440千米；塞莱尼亚公司的SPS 768型对空搜索雷达，D波段，搜索距离220千米；SPS 702型对海搜索/目标指示雷达，I波段；SPS 748型导航雷达，I波段；4部塞莱尼亚公司的SPG 70型火控雷达，I/J波段，搜索距离40千米，用于控制76毫米炮；2部塞莱尼亚公司的SPG 74型火控雷达，I/J波段，搜索距离13千米，用于控制“达多”40毫米炮；2部美国斯佩里无线电公司SPG 55C型火控雷达，G/H波段，搜索距离51千米，用于控制“标准”导弹；MK Ⅻ型敌我识别雷达，能够准确辨识敌我。

舰载声呐为美国圣加莫电气公司的SQS 23G型球首声呐，主动搜索与攻击，中频。

战术导航系统为URN 20型战术导航设备。

对抗措施有2座布雷达公司的20管105毫米回转式箔条弹发射装置，射程5千米，对突破防御的反舰导弹实施最后的电子干扰；SLR 4侦听系统；3部SLQ B型、2部SLQ C型干扰机。

改装后的“维托里奥·维内托”号的核心是SADOC 1作战数据自动处理系统，该系统能够对目标进行自动跟踪与识别，对反潜直升机进行引导，对来自不同方向的威胁进行判断、处理，对全舰武器装备进行自动控制，自动进行数据交换，还可通过11号数据链和卫星通信系统进行远程信息传播。总之，该系统将全舰的电子设备和武器装备连为一体，使作战反应时间更短，攻击任务分配更合理，作战效能更强大。

2002年，在意大利海军服役33年的“维托里奥·维内托”号退出现役。

“维托里奥·维内托”号数据与性能

舰名	舷号	开工	下水	服役	退役
维托里奥·维内托 Vittorio Veneto	C550	1965.6	1967.2	1969.7	2002

标准排水量：7500吨

满载排水量：9500吨

主尺度：总长179.6米，舰宽19.4米，吃水6米

飞行甲板：长40米，宽18.6米

动力：4台福斯特·韦勒锅炉；2台托西蒸汽轮机，73000马力，双轴

航速：32节

续航力：5000海里/17节

舰员：557名，其中军官53名

武备：4具“奥托马特”Mk2对舰导弹发射筒；1座双联“紫菀”对空导弹发射装置；8座“奥托·梅莱拉”76毫米炮；3座双联“布雷达”双联40毫米高平两用炮：2座Mk32三联324毫米鱼雷发射装置

对抗措施：2座“布雷达”SCLAR105毫米20管可旋转假目标发射器；SLQ25“水精”（Nixie）拖拽鱼雷诱饵

作战数据系统：SADOC 1 作战数据自动处理系统，11号数据链，卫星通信系统

雷达：休斯SPS52C三坐标对空雷达；塞莱尼亚SPS768对空雷达；SMA SPS702对海雷达；SMA SPS748导航雷达；塞莱尼亚SPG70火控雷达；塞莱尼亚SPG74火控雷达；斯佩里RCA SPG 55C火控雷达；URN-20战术空中导航雷达

声呐：圣加蒙SQS23G舰艏主动中频声呐

舰载机：6架AB 212反潜直升机

“加里波第”号航空母舰

■ 意大利海军“加里波第”号（C551）访美时泊于巴尔的摩，1994年11月3日。

“维托里奥·维内托”号虽然可以搭载直升机，但只有区区40米长飞行甲板的它，严格来说，还不能算是真正意义上的航空母舰。20世纪70年代中期，随着冷战的加剧，前苏联舰队频频出现在地中海，意大利越发感受到来自海上的威胁。意大利海军在1975－1984年的10年规划中，正式提出建造1艘“载机巡洋舰”的计划。该计划最终导致了轻型航母C551的出现。该舰1981年3月在联合造船公司蒙法尔科内船厂开工，1983年6月4日下水，1987年8月9日正式服役。为了纪念这一神圣的时刻，意大利用19世纪独立战争中的著名民族英雄“加里波第”的名字为该航母命名。

“加里波第”号是意大利完全依靠自己的力量建造的一艘轻型航空母舰，是意大利先进造船技术的结晶。它的建成服役，使意大利跻身为世界上为数不多的几个拥有航空母舰的国家之列，重新成为地中海一支举足轻重的力量。

在体积庞大的航空母舰家族中，“加里波第”号可谓小巧玲珑。同属轻型航母的英国无敌级总长203米，舰宽36.1米，满载排水量达到20500吨。而“加里波第”号的舰长仅为180米，舰宽33.4米，吃水为6.7米，标准排水量只有10100吨，满载排水量仅为13370吨。虽然满载排水量还不到无敌级的七成，但吨位小并不意味着作战能力减弱。“加里波第”号在设计时，经过周密考虑，力求在预订尺度和排水量的基础上，搭载更多的飞机。因而该舰在建成后，虽然吨位较小，却可以搭载18架直升机，或相应数量的垂直/短距起降飞机。而满载19500吨的印度“维克兰特”号航母仅能搭载6架垂直/短距起降飞机和9架直升机；满载19890吨的巴西“米纳斯吉拉斯”号航母只搭载总共约16架反潜机和直升机，舰载机数量都比“加里波第”号少。而英国的无敌级舰载机总数也不过20架出头而已。因此，“加里波第”号搭载的舰载机数量并不输给其他轻型航母。此外，与其他轻型航母相比，“加里波第”号的自动化程度更高，因此需要配备的舰员人数可精简到550人，是同类航母中最少的。由此可见，“加里波第”号航母虽然一度是世界上最小的轻型航母，但同时依然是一艘十分先进的舰艇。

“加里波第”号的外形与英国的无敌级航母大致相同。该舰舰体全部采用高强度钢建成，由于舰体各部分结构采用计算机进行最优化设计，因而在保证使用空间的基础上，舰体的重量得以大大减轻，而其耐冲击能力却大为增强。整个舰体从上到下共分为6层甲板。从首部到尾部有13道水密横隔壁将舰体分成14个防水舱，使该舰具备了较强的抗沉性。据测定，在任何3个舱进水的情况下，舰体仍可保持稳定状态，不致倾斜或翻沉。该舰飞行甲板为强力甲板，长 173.88米，宽30.4米。飞行甲板前端设有倾斜度为6.5度的跃飞甲板，用于起飞“鹞”式垂直/短距起降飞机。飞行甲板上可停放6架“海王”直升机或相应数量的短距起降飞机。机库设在飞行甲板以下，高约6米，相当于两层甲板的高度；长110米，约占舰体总长度的2/3，宽15米，总面积达1650平方米，可用于存放12架直升机或垂直/短距起降飞机。机库内设有2座防火门，装有先进的灭火消防装置。相对舰体而言，舰岛上层建筑显得较大。在上层建筑内设有驾驶台、飞机控制室、作战指挥室等舱室。烟囱设在上层建筑靠后方。在岛式上层建筑的前部和后部，分别装有1座八联装对空导弹发射装置。在舰艇的桅杆上方和上层建筑平台上设置有多种雷达和天线。

“加里波第”号虽然属于轻型航母，但与西方国家的轻型航母不同，而与俄罗斯（前苏联）相同的是，舰上装备有强有力的武器系统，各种远程、中程和近程武器齐装配套，反舰、防空和反潜三者攻防兼备。其火力之强甚至超过一般巡洋舰的水平，这在西方建造的航母中是绝无仅有的。按照西方

■ “加里波第”号的舰岛与雷达天线特写，摄于1994年11月3日。

■ 舰艉特写。

各国的传统思路，航母只是一个“海上活动机场”，作用就在于搭载作战飞机，本身安装的武器很少。而“加里波第”号吸取了前苏联航母的设计经验，一反西方的传统作法，既是一座搭载众多飞机的平台，又是一艘配备强大武器的战舰，这使得它既可作为航母编队的指挥舰使用，又可离开编队，单独活动。这是意大利在建造“加里波第”号方面所体现的又一独特风格。

“奥托马特MK2”导弹发射装置是舰上的主要远程反舰武器，共设4座。这种导弹是由意大利和法国合作研制的，射程最远可达180千米，具有远距离攻击能力。它采用先进的涡轮喷气发动机推进，新型导引头自导，可掠海飞行，具有较强的抗干扰能力和较好的隐身特性。导弹在飞行过程中，既可使用舰上的指令制导系统进行制导，也可使用机载直升机进行中继制导。导弹在发射时不需要精确对准目标，只要合理选择每枚导弹的飞行航迹，控制好发射时间，就能够使导弹从不同方位同时到达同一目标上空，形成饱和攻击的效果。该导弹长4.16米，直径0.4米，战斗部重210千克，比“飞鱼”导弹大得多。其弹头为半装甲式，可穿透40毫米装甲进入舰体之后才爆炸，作战威力相当大，足以对付各种大型战舰。

该舰对空武器由2座“蝮蛇”八联装导弹发射装置、3座“布雷达”40毫米双管速射炮

■ “加里波第”号左舷侧后方特写。

和电子战系统组成。“蝮蛇”导弹系由“天空闪光”导弹发展而来，采用半主动雷达制导，最大射程为13千米，速度为2.5马赫，作战高度为15000米。导弹长3.7米，弹头重30千克，内装预成型破片，破片数约为10000片，具有较大的杀伤概率，是一种中程对空武器。舰上备弹48枚。40毫米/70炮射程为4千米，每座发射率为2×300发/分钟，使用特制的近炸引信炮弹，反应快、射速高、火力密度强、设计精度好。

此外，舰上设置的专用电子战系统、箔条和红外干扰弹发射装置等，可有效干扰和欺骗来袭导弹，使其偏离方向，从而保护舰艇。

该舰的反潜武器除直升机外，还安装有2座三联装反潜鱼雷发射管。过去使用的鱼雷是意大利本国制造的A244音响自导鱼雷，但这种鱼雷的速度较慢，航程也短，难以对付现代潜艇，因而现在改用本国研制成功的更先进的A290鱼雷取代A244鱼雷。

舰上设置的自动化指挥与控制中心可随时收集该舰所有传感器和外部环境（友机、友舰、岸基指挥部等）发来的信息，迅速对其加以处理，并立即将有关数据传输到各个战位，以确保对不同威胁源作出快速反应和干预。

“加里波第”号采用4台美国的LM2500型燃气轮机，每台20000马力，总功率达到80000马力。LM2500燃气轮机是目前世界上较先进的一种常规动力装置，除了体积小、重量轻、功率大等优点外，还具有启动快、操纵灵活的特点，从静止状态过渡到全功率运作状态只需3分多钟；反之，该动力装置所具有的低速机动性，又可使舰艇在100米以下的距离之内实现停车。

“加里波第”号服役以后的主要任务是在地中海执行警戒巡逻，扼守和保卫直布罗陀海峡通道，单独或率领特混编队遂行反潜、防空和反舰任务，掩护和支援两栖攻击，为己方运输船队护航，确保海上交通线畅通，等等。1993年，它开始搭载固定翼飞机，从而大大提高该舰的制空、制海作战能力。

“加里波第”号是一艘具有较高综合作战能力的舰艇，建造初期，意大利国内的反对派曾指责该舰耗费海军经费太多，不过其效益却是显而易见的：长期以来它是意大利海军中最为值得夸耀、具有强大作战能力的舰艇，这就是它的效益和价值的体现。

2003年下半年，意大利海军第1次率领欧盟海军特混舰队部署到了地中海以外，“加里波第”号轻型航空母舰指挥特混舰队在红海南部、亚丁湾以及非洲之角海域执行巡逻反恐任务。

“加里波第”号航空母舰的数据与性能

舰名	舷号	开工	下水	服役
朱塞佩·加里波第 Giuseppe Garibaldi	C551	1981.3	1983.6	1985.9

标准排水量：10100吨

满载排水量：13850吨

主尺度：总长180米，舰宽33.4米，吃水6.7米

飞行甲板：长173.8米，宽30.4米

动力：4台LM2500燃气轮机，81000马力，双轴

航速：30节

续航力：7000海里/20节

舰员：550名，航空人员230名，包括旗舰人员，共有825个铺位

武备：4具奥托马特Mk2对舰导弹发射装置；2座八联塞莱尼亚-埃尔萨格“信天翁”对空导弹发射装置；3座双联布雷达40毫米高平两用炮；2座B-515三联324毫米鱼雷发射管

对抗措施：SLQ25“水精”噪声发生器；2座布雷达SCLAR105毫米20管假目标发射器

作战数据系统：IPN20（SADOC2）作战数据自动处理系统，11、14号数据链，卫星通信系统

雷达：休斯SPS52C三坐标对空雷达；塞莱尼亚SPS768对空雷达；塞莱尼亚SPS774对海雷达；SMA SPS702UPX对海雷达；SMA SPN749（V）2导航雷达；塞莱尼亚SPG75火控雷达；塞莱尼亚SPG74火控雷达；塞莱尼亚SPN728（V）1飞行进场控制雷达；SRN-15A战术空中导航雷达

声呐：雷声DE 1160 LF舰艏主动中频声呐

舰载机：16架AV-8B“鹞II”垂直/短距起降战斗机或18架SH-3D“海王”直升机

“加富尔伯爵”号轻型航空母舰

■ 兼具两栖攻击舰特性的“加富尔伯爵”号（C552）航空母舰。

“加里波第”号轻型航母令战后意大利海军从海岸警卫队式的海军发展成为真正的蓝水海军。在该舰服役十多年之后，为适应国际形势的最新变化，进一步增强海军实力，意大利谋求建造1艘性能更为优越的多用途航空母舰。

早在1998年初，意大利国防委员会就批准了建造新型多用途航空母舰的计划。意大利海军对这艘新型航母期望甚高，要求新航母比“加里波第”号更为先进，作战半径更大，还要能够起降“联合打击战斗机”（JSF）。然而由于意大利经济景气度下降，海军预算缩减，新型航母计划也被迫延后一年左右。由于受到经费限制，新型航母的尺寸、体积和排水量都一度计划缩小。该舰原设计长度为236.5米，被缩短了16米；原计划标准排水量为22290吨、满载排水量为26660吨，也各自减轻2000吨；原计划航母中部装备的双层船壳只得取消了；居住舱室面积也相应缩小。

2000年11月22日，意大利海军和芬坎蒂尼造船公司签署了新型航母的建造合同。合约金额大约17500亿里拉（约合10亿美元，后来追加到15亿欧元），其中1400亿里拉（约合8000万美元）用于综合后勤支援系统的建设。为了保证新型航母的性能，意大利海军积极引进先进技术，与许多欧洲著名的军工企业签订了技术合作协议：阿莱亚水下系统公司负责研制对抗组件和发射系统，法国舰艇建造局负责开发分类和战术软件，汤姆森·马可尼声呐系统公司负责发展水声传感器和探测子系统。

当新航母正式开工时，设计方案再度发生变化，在不增加经费的前提下，长度增加到了244米，标准排水量改为21160吨，虽然比最初的预案还是减少了1130吨，但是满载排水量却增加到了27100吨。

2001年7月，该舰正式动工。船体采用了分段建造的新方法，由芬坎蒂尼造船公司下属的里瓦特利戈索和穆吉亚诺船厂分别承担它的建造工作，最后由穆吉亚诺船厂进行合拢整装。

新型航母最初准备用意大利共和国第一任总统路易吉·埃纳乌迪的名字命名，后来在钱皮总统亲自建议下，为了纪念意大利皇家海军的创建人，19世纪最著名的国务活动家、意大利统一运动时期的另一位关键人物、撒丁王国和统一后的意大利王国首相加富尔，该舰最终命名为“加富尔伯爵”号。

2004年7月，里瓦特利戈索船厂完成了舰体舯部和艉部的建造，于当月20日举行了下水仪式，并出现了只有舯部、艉部而没有艏部的有趣一幕。此后，“加富尔伯爵”号的舯部和艉部被拖至穆吉亚诺船厂与舰艏合拢整装，2005年1月开始舾装，2006年12月开始进行海试，所有平台主系统（包括推进、发电和配电）、平台管理系统（包括消防、防漏和三防）和船体系统都进行了测试评估。2007年9月，该舰成功试验了平台声特征信号。

2007年11月7日至11月9日，该舰完成了固定翼飞机和直升机的首次回收和降落作业，一架AV-8B“鹞II+”短距起飞垂直降落飞机、数架AB212飞机和EH-101直升机在该航母上进行了白天和晚上的飞行作业，并进行了甲板与机库之间舰载机的调度试验，还进行了舰载设备试验。这标志着该航母建造技术进展的一个重大里程碑。

随后建造方和意大利海军开始试验该航母的传感器，以尽快将这些传感器集成到航母的作战与控制系统中。海军和塞莱斯系统集成公司（作战系统功能集成商）进行了作战系统的安装、集成与试验，包括武器试射。

“加富尔伯爵”号航空母舰采用联合燃气轮机推进方式，由4台LM2500燃气轮机组成，单台最大持续功率2.2千瓦，总输出功率8.8万千瓦，分两组分别安装在舰体中部的2个隔舱中，每组由2台燃气轮机、1个减速齿轮组合、1个可调螺距桨和方向舵组成。最大航速达28节，即使在无风的情况下也可满足舰载机常规起降的条件。该舰以16节的航速，续航能力可达7000海里，一次补给能够进行18天的远距离作业。

■ 停泊于码头的“加富尔伯爵”号航母，从舰艏的角度可以清晰地看到它的滑跃式起飞甲板。

■ 这张图的拍摄角度比上一张略高，可以清晰地看出飞行甲板和滑跃式起飞甲板的构造。

■ 完成主体建造正在进行最后舾装作业的“加富尔伯爵”号。

■ 从右舷侧后方看“加富尔伯爵”号航母。

“加富尔伯爵”号航空母舰还专门安装了由芬坎蒂尼公司研制和提供的艏、艉侧推进器，使舰体可以在5级海况下仍能保持固定舰位；同时两对减摇鳍可使航空母舰在6级海况下进行舰载机的起降作业，并保持良好的耐波性，便于濒海作战。

“加富尔伯爵”号的长方形舰岛位于甲板右侧，舰岛前后两端各有一个突出结构，前端的结构整合了舰桥、飞行控制室等战舰中枢以及1号烟囱，顶上有一具塔状主桅，后端则是烟囱与2号塔状桅杆的复合结构。该舰使用全通飞行甲板，飞行甲板从舰艏突起前端延伸出去，总长220米，宽34米，起飞行道长度180米，宽14米，斜坡甲板倾斜度是12°，有1个合成孔径雷达平台突出在外，8架飞机的停放区位于跑道旁边，可停放12架直升机EH-101或8架AV-8B /F-35联合战斗攻击机。起飞跑道与船的纵向轴和斜坡甲板（弹射跳板）平行，这样确保了飞机在最大负重时起飞的可能性。机库长134米，宽21米，大约2500平方米，能容纳12架直升机或者8架战斗机。机库与飞行甲板间的运输通过2台30吨的升降机完成的，2部15吨的升降机负责运输弹药。

从舰底到飞行甲板共9层，“岛式”建筑有5层。其中，龙骨上面两层用于安装推进设备和辅助系统，以及作为弹药库和两栖登陆部队的生活住舱区。第6层为人员住舱区和储藏区，第7层中间是机库，周围是舰员生活和娱乐区、弹药库和艏锚链舱。飞行甲板的下面一层是作战管理区和联合作战指挥室、军官住舱区和仓库区。为降低航空母舰在发生火灾或遭攻击时损毁的程度，整个舰体被划分成7个安全区，分别配有损管站，站内配有先进的灭火系统和个人救生设备。该舰还配备了完善的医疗设施，一个面积为430平方米的医院，配备有2个手术室、1个重症监护室、1个X光室和CT扫描设备、1个牙医室和诊断实验室。

该舰最显著的特征是作战灵活性大，既可以执行航母的所有作战任务，还能够运输军用或民用有轮车辆和履带式车辆。机库可以部分或全部用于轮式车辆或履带车辆的运载。通过空运来运输突击队成员，部队和空中作战能够根据可载舱容的总体使用情况进行部署。可搭载车辆包括：100辆轻型车辆或50辆通信车辆（两栖履带式人员登陆车，大型重装甲轮式或履带式战车VCC Dart）或24辆重型车辆（60吨级主战坦克）。该舰还可用于运载4艘LCVP大型人员登陆艇，在船艉和舷侧有2个60吨滚装跳板，可进行快速装卸。舰体后半部还装有坡道和尾门等。总之，该舰具有非同一般的全方位两栖作战能力。

与“加里波第”号类似，“加富尔伯爵”号航母一样配备了强大的武备包括SAAM-IT防空导弹系统和近防。

SAAM-IT防空导弹系统为法意联合研制的“舰载反导系统”的意大利舰艇标准配置版，由“埃姆帕”雷达、“席尔瓦”A43垂直发射系统、“紫菀15”舰空导弹及控制设备组成。“席尔瓦”垂直发射系统每个发射模块有8个发射单元。“加富尔伯爵”号上共装备了4座“席尔瓦”A43型垂直发射系统，分别安装在舰体两侧的突出部位，整套系统备弹32枚。“紫菀15”为点防御舰空导弹，弹体全长为2.6米、直径为0.18米、重量为100千克，最大速度为3马赫，最大射程为30千米。战斗部采用破片式高爆弹头，重10－15千克。

在“加富尔伯爵”号航空母舰滑跃式起飞甲板的前部、右舷和舰艉各安装有1座KBA25毫米速射炮，用于打击低空目标。为提高对水面和超低空来袭抵御能力，航空母舰上还安装了2座“奥托·梅莱拉”76毫米速射炮，2部NA-25X火控雷达系统。76毫米炮为新型舰炮，具有后坐力小、瞄准速度快、射速高的特点。最大射速120发/分钟，可以发射榴弹、半穿甲弹和多用途弹等多种弹药，适于对付低空掠海反舰导弹和快速攻击小艇。配备的“飞镖”弹药为制导增程反导弹弹药，有效射程一般为8－10千米，可在Ka波段连续波制导雷达的引导下对目标实施精确攻击。“飞镖”弹药采用的3A+引信由传统弹药引信发展而来，具有近炸、碰炸、延迟爆炸以及时间控制空爆4种作战模式。在用于反导任务时，主要使用近炸模式（距离10米引爆），最低可在海平面以上2米的高度工作。战斗部重2.5千克，由高爆炸药、钨制弹丸、钢制壳体组成，对导弹的有效杀伤距离范围大于10米。

“加富尔伯爵”号航空母舰的指挥室位于飞行甲板中部的下面，内设航空母舰本身的作战信息中心（CIC）和作为远征编队旗舰的联合作战指控中心。战斗管理系统的硬件和软件均来源于意大利和法国合作的地平线级驱逐舰项目，分为指挥系统和指挥支援系统。

指挥系统由5台战术计算机组成，用于处理信息并把它们显示在控制台的28个多功能显示屏和作战信息中心的二级数据显示器上，同时发送到独立控制室的2个应急控制台上。

联合作战指挥中心位于作战信息中心的旁边，配备有20台大屏幕显示器，并配备212个工作站。综合通信系统可以通过无线电低频/高频（LF/HF）、甚高频/超高频（V/UHF）、军事甚高频和超高频通信卫星（JHF和SHF）及国际海事通信卫星传输和接收数据，并与北约的11号、16号数据链和22号战术数据网络兼容，可以进行自动信息处理、视频会议、闭路电视监控、内部广播警报、公开宣布号令和命令、内部无线通信、与港岸网络的电话通联、声频/视频娱乐等，整个系统由一个具备强大纠错功能的管理系统控制。

“加富尔伯爵”号航空母舰上的侦测装备包括“埃姆帕”多功能相控阵雷达、远程对空搜索相控阵雷达、RASS监视雷达、敌我识别器与导航雷达，以及雷达/光电火控系统、SASS红外监视和跟踪系统、水雷回避声呐以及拖拽式潜艇、鱼雷侦测阵列声呐等。

“埃姆帕”SPY-790多功能三坐标相控阵雷达安装在前桅杆顶端，工作在G波段，天线有半球形罩保护，发射功率为120千瓦，最大探测距离约180千米，对导弹（雷达反射截面面积为0.1平方米）的探测距离为50千米，对飞机（雷达反射截面面积为10平方米）的探测距离为120千米，对低空飞行导弹的探测距离为23千米，可同时侦测300个目标，追踪其中50个目标，并同时导引24枚“紫菀15”舰空导弹拦截12个最具威胁的目标。RAN-40L对空搜索雷达是RAT-31DI陆基远程搜索雷达的舰载衍生型，安装在后烟囱旁，工作在D波段，为相控阵三坐标雷达，对空搜索高度30千米，搜索距离400千米。

电子对抗天线位于“埃姆帕”雷达天线下面，干扰发射机分别位于飞行甲板的前部和后部，SCIAR-H诱饵发射器位于前甲板舷侧突出部。舰载机进场控制系统由泰利斯公司的“塔康”雷达、伽利略公司的SPN-720进场雷达、电信公司的AN/SPBJ-41无线电全天候进场助降系统和专门用于AV-8B战斗机进场着舰的EODS/DAPS助降系统组成。AN/SPN-41A是一种全天候无线电舰载机着舰系统，可为即将着舰的飞机提供精确的方位和高度数据，对于确保航空母舰舰载机的安全具有十分重要的作用。

2008年3月27日，“加富尔伯爵”号正式交付给意大利海军。2009年6月10日，意大利海军的战旗在“加富尔伯爵”号航母上升起，正式开始服役，接替“加里波第”号航母，成为意大利海军的新旗舰。

2010年1月19日，“加富尔伯爵”号从意大利拉斯佩奇亚省军港启程前往海地，进行首次远航，参与当地的灾后人道主义救援工作。

■ 正式服役后的“加富尔伯爵”号航母。

“加富尔伯爵”号航空母舰的数据与性能

舰名	舷号	开工	下水	服役
加富尔伯爵号 Conte di Cavour	C552	2001.7	2004.7	2009.6

长度：244米

宽度：39米

吃水 ：8.7米

飞行甲板：186米

排水量：标准21160吨　满载27100吨

动力：88000马力

续航力：7000海里/18节

动力系统：全燃动力（COGAG）推进系统，4台Avio LM2500燃气轮机，双轴

航速：28节

武备：2门76毫米速射舰炮，3门80倍口径Oto Breda Oerlikon KBA 25毫米速射舰炮，4座8单元SYLVER A43垂直发射系统（配备紫菀Aster-15舰空导弹）

舰载机：12－16架AV-8B“鹞”式战斗机或Lockheed Martin F-35B战斗机，3架EH-101 Mk.112 AEW/HEW预警直升机，4－6架EH-101、NH-90或SH-3D多用途反潜直升机；或30架直升机

舰载艇：4艘LCVP登陆艇

陆基搭载：100辆轻型车辆（越野汽车VM）（超过522延米的桥梁）或50辆通信车辆（两栖履带式人员登陆车70辆或80辆大型重装甲轮式、履带式战车VCC Dart）（超过423延米的桥梁）或24辆重型车辆（60吨主战坦克）（超过250延米的桥梁）

电子设备：1部RAN-40L三坐标远程搜索雷达；1部SPY-760 EMPAR对空/海搜索雷达；1部SPS-791 RASS水面搜索雷达；1部SPN-753（V）4搜索雷达；AN/SPN-41A着舰控制系统；SPN-720空中管制系统；SNA-200声呐；SLAT鱼雷对抗系统；导航雷达；电子对抗系统；2座20管干扰火箭发射器等

船员：1210人，包括451名船员，203名空军后勤，140名两栖士兵和325名圣马可陆战营成员，以及91名替补人员

“阿斯图里亚斯亲王”号轻型航空母舰

■ 正在全速航行中的“阿斯图里亚斯亲王”号（R11）航空母舰。

西班牙是一个海洋国家，北临大西洋，东濒地中海，南接直布罗陀海峡，海岸线全长约7800千米。在大航海时代曾经煊赫一时的西班牙海军在近现代鲜有亮点，航空母舰的发展更是远落后于主要西方强国。但是第二次世界大战航母所显示的强大威力，令西班牙感到它需要一支以航母为核心的海上力量来担负起保卫国家安全和经济发展的重任。1967年，西海军向美国租借了二战老航母“迷宫”号，1973年正式买入，但“迷宫”号已经老态龙钟。

以西班牙的经济实力，像美国那样的大型航母和像法国那样的中型航母都是国力难以承受的，搭载垂直起降飞机的轻型航母成为西班牙海军最现实的选择。然而此时就连西班牙最大的船厂——国营巴赞造船公司，也从没有设计建造过航空母舰这样的庞然大物。为此，西班牙决定向国外招标，寻找合作者，为巴赞造船公司提供设计和建造中的技术指导。在对外招标时，美国吉布斯·考库姆公司的“海上控制舰”方案得以中标。1979年10月，西班牙巴赞造船公司开工建造“阿斯图里亚斯亲王”号（R11）轻型航母，历经9年艰辛，1988年5月3日，这艘以美国“海上控制舰”设计理念为蓝本的轻型航母加入西班牙海军服役。

“阿斯图里亚斯亲王”号的服役，无论对西班牙还是对美国都是一个巨大的成功。以反潜护航为主要作战任务的“海上控制舰”方案，较好地符合了西班牙海军的作战需求，使西班牙海军的作战能力有了大幅度的提高；同时，通过双方的合作，西班牙掌握了现代航空母舰的设计建造技术，成为当今世界具有这一技术的为数不多的几个国家之一。而“阿斯图里亚斯亲王”号的服役，也成为美国与其盟友在海军技术上合作成功的典型范例。尽管“海上控制舰”方案遭到了美国海军的否决，但是作为在未来战争中具有重要意义的设计方案，美国海军有关人士对此一直念念不忘。西班牙新航母的建造是对“海上控制舰”最好的实际检验，为此，美国在西班牙航母工程中提供了全面合作，并且还提供了高达1.5亿美元的低息贷款。由于“阿斯图里亚斯亲王”号的美国背景，1988年12月，美国在该舰首航时受到了异乎寻常的热烈欢迎。

“阿斯图里亚斯亲王”号长195.9米，舰宽24.3米，型深20.6米，吃水9.4米；飞行甲板长175.3米，宽29米；该舰满载排水量为17188吨；最大航速为26节，续航力在20节时为6500海里；人员编制555人。仅仅看这些数据，该舰不过是一艘普通的轻型航母，并没有什么特别，但与同型舰仔细分析比较，则会发现“阿斯图里亚斯亲王”号确有过人之处。

“阿斯图里亚斯亲王”号设计了同型舰中首屈一指的大型机库，机库面积达2300平方米，比无敌级和“加里波第”号约大70%，接近同时代法国32000吨级的“克莱蒙梭”号。常规载机总数达20架，常用装载方案为：8架AV-8B垂直/短距起降飞机、8架“海王”反潜直升机、4 架AB212通用直升机。紧急情况下，部分飞行甲板可搭载飞机，载机总数可达37架。相比之下，排水量比“阿斯图里亚斯亲王”号高3000吨的“无敌”号，载机能力也仅为21架（9架“海鹞”、12架“海王”），马岛战争中，“无敌”号超载作战载机仅为10架“海鹞”和9架“海王”。排水量较小的“加里波第 ”号载机能力为16架AV-8B或18架“海王”。

现代轻型航空母舰均设有滑跃式跑道，“阿斯图里亚斯亲王”号的滑跃式跑道跃升角为12度；相比之下，“无敌”号的滑跃式跑道升角原为7度，“加里波第”号为6.5度。据英国海军研究表明，当滑跃式跑道升角由7度增至12度后，飞机的作战载荷可以增加1130

■ 低速航行状态的“阿斯图里亚斯亲王”号。

■ 以垂直方式降落中的“海鹞”式舰载机。

千克，或者在同样起飞重量下起飞滑跑距离缩短50%－60%。为此，英国海军在建造无敌级的第3艘舰“皇家方舟”号时，将跑道升角改为12度。之后又花费巨资，将该级舰均改为12度。和同类的轻型航母一样，“阿斯图里亚斯亲王”号航母设有2部舷内升降机，用于将飞机从机库提升至甲板。“阿斯图里亚斯亲王”号的升降提升能力为20吨，属于轻型航母中最大的升降机之一。较强的提升能力，为将来改装重量较大的新型飞机提供了余地。

为了提高航空作战能力，“阿斯图里亚斯亲王”号必须在体积、重量和费用上付出代价。这一代价体现在为了保证突出重点，大胆地舍弃了一些相对次要的性能。

“阿斯图里亚斯亲王”号航母作出牺牲的主要是动力系统、舰载武器和部分电子设备。“阿斯图里亚斯亲王”号采用燃气轮机动力系统，主机为2台LM-2500燃气轮机（46400马力），单轴，1个五叶变距螺旋桨。这一动力系统的设计有2个惊人之举：一是采用了单轴单桨推进装置，这在现代航空母舰中是独一无二的；单轴单桨的优点是体积重量小推进效率高，但机动性、可靠性、生命力较差，大型主力战舰采用单轴单桨无疑要冒很大的风险；相应的弥补措施是在中部的前方并排安装了2台可收放、可变向的应急动力装置，由2台 800马力的电机驱动，可以提供4－5节的速度。二是动力系统总功率仅46400马力，相应的最大航速仅26节；相比之下，排水量较小的加里波第级采用了4台LM-2500主机，推进功率 81000马力，最大航速30节；无敌级则采用了4台奥林普斯TM3B型燃气轮机，最大航速28节。

尽管在现代舰艇设计理论中，最大航速的要求已大大降低，但是人们普遍认为主力舰艇的航速似乎不应低于28节，而"阿斯图里亚斯亲王"号的最大航速仅26节，不能不说是一个大胆之举。

在舰载武器的配置上，同型舰之中无敌级拥有射程在40千米以上的"海标枪"航空导弹，具备舰载区域防突火力，并在随后的改装中加装了3座"座集阵"近程防空武器系统；"加里波第"号的舰载武器更加全面，它包括2座类似"海麻雀"的八联装"腹蛇"防空导弹系统，由3座双联装40毫米火炮组成的"达多"近程防空系统，甚至还装有4座"奥托"II型反舰导弹发射装置，可谓火力强大。而"阿斯图里亚斯亲王"号全部舰载武器仅为4座12管20毫米"梅罗卡"近程防空火炮。尽管"梅罗卡"系统是当今一流的防空反导系统，但只有这一种防空手段，未免过于单薄，那样火力掩护和支援任务就只能更多依赖护航编队。

同样，"阿斯图里亚斯亲王"号的设计也强调由预警直升机和护航舰艇提供侦察预警，其自身的雷达设备仅有1部SPS-55对海搜索雷达、1部SPS-52C三坐标雷达和1部SPN-35A空中管制雷达，它们的共同特点是性能可靠，但这种配置只相当于美国斯普鲁恩斯级驱逐舰的雷达配置。当然，作为编队的指挥舰，"阿斯图里亚斯亲王"号的通信指挥系统还是比较先进和齐全的。

1990年，该舰进行部分改装，对"岛式"上层建筑作了改进，使主要舱室布置更加合理，为停机坪上的直升机设置了保护装置；另外对居住条件进行了改进，使舰上可增住6名军官和50名技术人员。

■ 1991年10月7日参加北约"决心91"演习的"阿斯图里亚斯亲王"号航空母舰（最下），向上依次为美国海军的"塔拉瓦"号两栖攻击舰、"福莱斯特"号大型航空母舰、英国海军的"无敌"号轻型航母。

“阿斯图里亚斯亲王”号航空母舰的数据与性能

舰名	舷号	开工	下水	服役
阿斯图里亚斯亲王 Principe De Asturias	R11	1979.10	1982.5	1988.5

满载排水量：17188吨

主尺度：总长195.9米，垂线间长187.5米；舰宽24.3米；吃水9.4米

飞行甲板：长175.3米，宽29米

动力：2台通用电力LM2500燃气轮机，46400马力，单轴，可调距桨；另备有2部可收放推进器，使用2台电机，1600马力

航速：26节（备用推进器4－5节）

续航力：6500海里/20节

舰员：555名，其中军官90名；航空人员和旗舰人员208名

武备：4座“梅罗卡”12管20毫米近防炮

对抗措施：4座Mk36六管假目标发射器；SLQ 25“水精”，拖曳鱼雷诱饵

作战数据系统：NTDS指挥控制系统，11、14号数据链，马可尼－马特拉SCOT 3卫星通信系统

雷达：休斯SPS52C/D三坐标对空雷达；ISC卡迪恩SPS5对海雷达；SPN35A飞机进场控制雷达；斯佩里VPS2火控雷达；URN25战术空中导航雷达

舰载机：6－12架AV-8B“斗牛士”垂直/短距起降战斗机，6－10架SH-3“海王”直升机，2－4架AB 212反潜/预警直升机，2架SH-60B“海鹰”直升机

“米纳斯吉拉斯”号轻型航空母舰

■ 搭载着“海王”式舰载直升机的“米纳斯吉拉斯”号航空母舰。

巴西是南美洲面积最大的国家，毗邻大西洋，蜿蜒的海岸线长达7367千米。为了增强本国海军实力，1956年，巴西向英国购买了二战时期建成的巨人级“复仇者”号航空母舰，改名为“米纳斯吉拉斯”号，作为本国海军的旗舰。

“复仇者”号于1942年由英国的斯旺·亨特与威甘·理查森公司建造，当年11月16日正式动工。1944年2月23日下水，1945年1月15日，在大战的最后一年开始在英国皇家海军服役，但是并没有参加什么战斗。1948－1949年间，在完成初次改装后，该舰进行了一次试验性远航。

1956年12月14日，巴西海军以900万美元的代价购入“复仇者”号。1957－1960年间，巴西海军花费了2700万美元对其进行了改装。改装后的航母加装了斜角8.5度的飞行甲板、蒸汽弹射器、反射式助降镜、炮瞄雷达系统、新式雷达与电子设备，同时还对上层建筑也进行了适当的改进。

20世纪60年代初的“米纳斯吉拉斯”号（A11）航母，正在给一艘伴随航行的驱逐舰加油。

1960年12月6日，改名为“米纳斯吉拉斯”号的“复仇者”号正式加入巴西海军服役。这艘航母主要作为反潜航母使用。其舰长211.8 米、宽24.4 米，吃水7.5米；标准排水量15890吨，满载排水量19890吨。舰上飞行甲板区210.3 × 37米，飞机升降机面积为13.7 × 10.4平方米；动力装置功率为40000轴马力，最大航速24节；当航速14节时，续航力12000海里；航速23节时，续航力6200海里。

舰上共有12门火炮，其中10门40毫米炮、2门47毫米炮。可搭载20架各类飞机，包括8架“搜索者”双发反潜机、4架“海王”式直升机。此外，还有SPSI2型对空警戒雷达，SPS4型对海搜索雷达，SPS8B飞机导航雷达，SPG34 型火控雷达，MPI402 型导航雷达。

1991年7月至1993年10月，“米纳斯吉拉斯”进行了最后一次现代化改装。对空火炮改装后加装双联火箭发射架，普莱西“盾”诱饵发射架，B-1电子支援和电子干扰系统，洛克希德SPS-40B型E/F波段对空搜索雷达，普莱西 AWS-4型E/F波段水面搜索雷达，ZW-06导航雷达，SICONTA作战数据处理系统，计算机辅助作战情报系统，2部SPG-34火控系统。舰载飞机改为6架S-2A/E“追踪者”反潜机，4-6架SH-3A/D“海王”直升机，2架UH-13“松鼠II”直升机，3架UH-14“超美洲豹”直升机。发电机和锅炉也进行了更新和更换。

在阿根廷的“5月25日”号航空母舰退役之后，“米纳斯吉拉斯”号一度成为南美洲唯一的航空母舰，在先后为英巴两国海军服役半个多世纪以后，该舰于新千年之际退出现役。巴西从法国购入“福熙”号航母，改装之后，以“圣保罗”号为新舰名，成为巴西海军的新旗舰。

■ 2000年，在退役前进行最后一次例行航行训练的“米纳斯吉拉斯”号。

“米纳斯吉拉斯”号航空母舰的数据与性能

舰名	舷号	开工	下水	服役	退役
米纳斯吉拉斯 Minas Gerais	A11	1942.11	1944.2	1945.1	2000

标准排水量：15890吨

满载排水量：19890吨

主尺度：长211.8 米，舰宽24.4米，甲板宽36.4米

动力：4台“海军部”（Admiralty）锅炉，2台帕森斯蒸汽轮机，40000马力，双轴

航速：24节

续航力：12000海里/14节，6200海里/23节

舰员：1000名，航空人员300名

武备：2座马特拉–萨德拉尔双联对空导弹发射装置；2座Mk1双联福博斯40毫米炮

对抗措施：普莱西箔条发射器

作战数据系统：SICONTA系统，与舰上的计算机辅助作战系统（CAAIS）兼容的费伦第（Ferranti）YB数据链系统；卫星通信系统

雷达：洛克希德SPS40B对空雷达；普莱西AWS4对海雷达；信号ZW06导航雷达；SPG34火控雷达；斯坎恩特Mil–Par飞机进场控制雷达

舰载机：6架S-2A/E“追踪者”反潜机，4–6架SH-3A/D“海王”直升机，2架UH-13“松鼠II”直升机，3架UH-14“超美洲豹”直升机

“5月25日”号轻型航空母舰

■ 停泊于港内的“5月25日”号（V2）航空母舰，照片摄于1979年。

阿根廷曾经拥有的唯一一艘航母“5月25日”号与巴西的“米纳斯吉拉斯”号航母同样原属英国巨人级航母。

“5月25日”号即英国原名为“尊敬”号的轻型航空母舰，于1942年12月动工兴建，1943年12月30日下水，1945年1月17日正式加入英国海军序列。

1948年4月，荷兰海军购买了该航母，改名为“卡尔·多尔曼”号，并于同年5月交付使用。在荷兰海军服役20年后，1968年10月15日，它又被转手倒卖给阿根廷。阿根廷海军以阿根廷国庆日——5月25日为它命名。虽然“5月25日”号前后经过3次现代化改装，但性能始终较差。

1982年4月，英阿马尔维纳斯群岛战争爆发（简称马岛之战）。阿根廷以“5月25日”号轻型航母为核心组成特混编队一度攻占马岛。但在“贝尔格拉诺将军”号巡洋舰被英军击沉之后，担心步其后尘的“5月25日”号接受阿根廷海军部的命令返回母港，并一直龟缩不出，成为“笼中困兽”。

20世纪80年代末，阿根廷政府曾数次试图对该舰包括对动力、电力、三防、损管系统、飞行甲板和舰桥进行现代化改装。1992年年底，造船厂对需要改装的部位进行拆除，但因为经济不景气造成财政紧缺而未能实施。日后阿根廷海军决定拍卖该舰。最初报价120万美元。因没有国家对此竞买，后曾4次减价，最后仅以32.1万美元卖给废品公司。

“5月25日”号航空母舰的数据与性能

舰名	舷号	开工	下水	服役	退役
5月25日 Veinticinco De Mayo	V2	1942.12	1943.12	1945.1	1993

标准排水量：15892吨

满载排水量：19896吨

主尺寸：舰长211.3米、宽 24.4米，吃水 7.6米

飞行甲板：212.6米，宽40.6米

动力：4台锅炉，2台蒸汽轮机，40000马力，双轴

航速：24节

续航力：12000海里/14节；6200海里/23节

舰员：1000名，航空人员500名

武备：福布斯40毫米炮（相关资料缺）

作战数据系统：信号SEWACO，10号数据链

雷达：信号LW08对空雷达；信号DA08对海雷达；信号ZW01导航雷达；雷卡·台卡1226火控雷达；塞莱尼亚毫米/SPN720飞机进场控制雷达：URN20战术空中导航雷达

舰载机：11架“超军旗”攻击机、6架S-2E/G“搜索者”反潜机，4架 S-61D“海王”反潜直升机和A103“云雀”直升机

“墨尔本”号轻型航空母舰

■ 王家澳大利亚海军的“墨尔本”号（R77）轻型航空母舰。

澳大利亚海军是二战时期太平洋战场盟军的重要力量。在亲眼目睹航母的巨大威力之后，澳大利亚海军在战后向英国购买了巨人级轻型航母“威严”号。

“威严”号1943年4月13日开工建造，1945年2月28日下水，并没有赶上战争。战争结束以后，英国政府由于财政紧张，无意继续维持庞大的航母舰队，战时建造的护航航母和轻型航母要么在短暂服役之后拆毁，要么就卖给其他盟国。1949年，澳大利亚海军决定购买“威严”号，并将其改名为“墨尔本”号，在取得其所有权后，委托英国船厂进行改装。

“墨尔本”号配备了5.5度的斜角甲板，加装了蒸汽弹射装置和雷达。1955年1月，完成改装的“墨尔本”号航母在英国北爱尔兰东部港口贝尔法斯特沿海进行海试。此时，“墨尔本”号已经焕然一新，配备了许多战后最新式的武器装备。当年晚些时候，该航母配备了澳大利亚海军航空队808、816和817 3个中队，舰载固定翼战机和直升机，具有空战、对海攻击和对地攻击全方位攻击能力。

完成所有准备之后，“墨尔本”号起航前往自己的新国家——澳大利亚。途中先后经过了直布罗陀、那不勒斯、马耳他、苏伊士运河、亚丁和科伦坡等地。1956年5 月，“墨尔本”号抵达澳大利亚的悉尼港。澳大利亚海军为“墨尔本”号航母的正式加入而万分高兴。然而，他们始料不及的是，这艘航母在今后的岁月虽然带来的是现代化的作战能力，但是却因为一系列事故和灾难而更加广为人知。

1957年10月28日，“墨尔本”号航母抵达澳大利亚才一年多，就开始了它的厄运。当天，它在阿德莱德港区行驶时，突然与“蓝卡”号战舰相撞，开创了碰撞历史的先河。幸运的是，这次撞击是在港口里，因此，只受了点小伤而已。但是从此以后，“墨尔本”号似乎撞了邪，频繁地发生碰撞事故。1964年2月10日，大悲剧终于发生了，“墨尔本”号居然与护航的“航海者”号驱逐舰发生了碰撞。偌大的航母居然直接撞击驱逐舰的中部，将它拦腰切断成两截。但是根据澳大利亚海军的调查结果，事故原因是“航海者”号驱逐舰的舰长严重失职，使该舰偏离航向进入了航母航道。这是“墨尔本”号航母首次把一艘战舰撞沉，“航海者”号驱逐舰共有82名官兵在这起事故中丧生。而不幸遇难的人员大多是在驱逐舰前部作业的官兵。

澳大利亚海军得知事故，悲哀不已。一艘驱逐舰报废固然是重大损失，然而，82条人命的突然消失更是莫大的悲剧。而与排水量数千吨的驱逐舰相撞，“墨尔本”号自身也不免受到重创。舰长罗伯森在给海上委员会的战舰损害报告中提到，航母虽然没有发生人员伤亡，然而舰体已经多处受损。其中，1号和2号平衡水舱已经淹到了第5甲板，前舷和右舷都撞出了洞，电缆舱也可能破损。随后的几年，“墨尔本”号航母的扫帚星似乎暂时远离，基本上没有再发生什么问题。

1964年年底至1967年12 月，“墨尔本”号开始成为友好使者，3年间出访了许多国家。它先后访问了巴布亚新几内亚的拉包尔、新加坡、马来西亚的槟榔、日本的横滨、吴港和中国的香港等地。同时，“墨尔本”号及其编队还大量参加了太平洋地区的包括“福特演习·64”和“海豹”等多次多国联合军事演习。其中，1965年3 月15日，它与英国海军一起进行了联合演习，英军战舰包括“鹰”号和“胜利”号航母。1967年秋，“墨尔本”号航母穿越太平洋前往美国进行现代化改装。途中，该航母访问了夏威夷美军港口，后来，访问了美国加州的旧金山港。在圣迭戈，它接收了澳大利亚向美国订购的20多架新型战机，包括10架A-4攻击机和14架“跟踪者”反潜机。随后，“墨尔本”号开始在美国军港进行了长达2年的现代化的改装，整个航母的电子系统进行了全部更换。随后，“墨尔本”号航母回国，开始了新的生涯。

回到澳大利亚后，“墨尔本”号的霉运几乎立即回来了。1969年6月3日，在南海行驶的“墨尔本”号航母与美军“伊文思”号驱逐舰一起进行代号“海妖”的联合军事演习。然而，2舰突然发生碰撞。“墨尔本”号再次如同一把巨刀一般刺进了驱逐舰的舰体。结局是十分悲惨的：“伊文思”号就像以前的“航海者”号一样倒霉，当即沉没，死

■ 准备从“墨尔本”号的甲板上弹射起飞的S-2反潜机。

■ 从S-2上俯拍“墨尔本”号航母。

亡人数达到73名，成为又一次海上大悲剧。调查结果显示，在战舰相撞时，美军“伊文思”号的舰长正在铺位上睡觉，而2名负责观察的年轻军官竟然让驱逐舰驶进了航母的航道。和上次“航海者”号的事故原因几乎如出一辙。事故发生后，美军对“墨尔本”号航母感到毛骨悚然，很快就取消了与它的联合演习。随后，“墨尔本”号航母前往新加坡进行紧急修理。不久，它返回澳大利亚悉尼港进行整修。谁知，连交华盖运的“墨尔本”号航母就是在港口里也逃不过灾星照耀。6月10日，它又与“马鲁”号战舰发生碰撞。虽然航母损失轻微，然而，在航期间连续发生事故的“墨尔本”号航母从此越发变本加厉。

1970年9月3日，“墨尔本”号航母在悉尼港又与一艘渡船发生碰撞。好在这次又是在港口里相撞，只是表面受了一些小伤。经过一番修理，航母又恢复了原貌。两年后，正当人们渐渐淡忘“墨尔本”号的历次灾难之时，它却再次引起了人们的关注。1972年10月15日，“墨尔本”号航母突然燃起大火，好在消防员迅速启动航母的灭火系统，及时将大火扑灭。虽然这次火灾损失得到了控制，然而，“墨尔本”号的名声开始越来越让人感到危险和恐怖。

■ 正在和美国海军航母进行编队演练的“墨尔本”号。

大火事故结束两年后，该航母再次发生相撞事件。

1974年7月11日，“墨尔本”号航母正在悉尼港里行驶，居然与一艘客轮撞上了。澳大利亚人大为震惊。客轮容纳大量乘客，如果是在海上相撞，那么，很可能会导致大量乘客的死亡，后果简直不堪设想。好在这次又是在港内发生碰撞，没有造成人员伤亡。从此，“墨尔本”号航母即使在普通澳大利亚人的心目中也成了灾难的代名词。两年后的1976年7月24日，“墨尔本”号航母又在悉尼港与一艘日本货船相撞，双方都受到了一些损伤。

1977年，英国海军举行舰队校阅活动，邀请英联邦和其他一些友好国家海军参加。澳大利亚是英联邦成员国，派出“墨尔本”号航母率领导弹驱逐舰“布里斯班”号前往英国访问。访问结束后，“墨尔本”号航母前往英国造船厂进行维修。1978年，“墨尔本”号回到澳大利亚，继续进行改装，扩大了飞行甲板面积，更换了电子作战系统。随后，航母重新投入使用。

虽然“墨尔本”号航母是澳大利亚海军战斗力最强的战舰，但是“墨尔本”号航母的霉运似乎难以改变。1979年3月3日，“墨尔本”航母的1台锅炉突然发生了爆炸，一些士兵躲闪不及，当场受伤。而这只是下一次事故的不祥前兆而已。半年还不到，就在这年8月22日，“墨尔本”号航母在太平洋上航行，安装在支架顶部的雷达罩突然掉了下来，一头扎进了大海。这可是澳大利亚海军最新型的雷达系统的重要部分，因此，“墨尔本”号航母立即组织人员打捞。然而，大海波涛汹涌，深不见底。澳大利亚海军彻底地失望了。几十年来，“墨尔本”号虽然成为澳大利亚海军的重要力量，但是始终祸端迭出，导致人员死伤惨重，成了地道的“倒霉”航母。1982年初，澳大利亚海军决定，“墨尔本”号应该退出历史舞台。于是，“墨尔本”号航母进入了备用状态，只是在需要的时候才会出港。

当时，澳大利亚海军本想向英国再次采购一艘旧航母。但是随着1982年5月中旬的马岛之战，先进的反舰导弹显示了巨大威力，航母的安全性受到了军事学家的普遍质疑。澳大利亚海军因此决定放弃继续购买航母的计划，改变今后的海军发展战略。而“墨尔本”号的归宿早就注定。“墨尔本”号航母先在澳大利亚拆除了所有设备，仅剩下壳体。1984年，“墨尔本”号作为废船卖给中国联合拆船公司。1985年5月21日，“墨尔本”号被牵引进广州黄埔船厂，进行最后的拆毁作业。如今“墨尔本”号早已在这个世界上消失，给澳大利亚留下了一段些许光辉，但更多的是黑色幽默的无奈记忆。

“墨尔本”号航空母舰的数据与性能

舰名	舷号	开工	下水	服役	退役
墨尔本 Melboarne	R77	1943.4.13	1945.2.28	1956.5	1982

排水量：标准14200吨　满载20250吨

船体：长211.2米，宽24.8米；吃水深度：7.2米

动力装置：4台锅炉，1台帕森式汽轮机，双轴

推进功率：40000马力

最大航速：25节

载员：平时860名舰员，620名航空人员

武器装备：4座3磅炮，12座40毫米对空火炮

雷达：277Q型对空搜索雷达，293Q型水面搜索雷达

舰载飞机：固定翼活塞式舰载机42架（设计标准）/4架A-4G“天鹰”攻击机、6架S-2E“跟踪者”反潜飞机、10架反潜直升机

■ 借助弹射器的力量，从“墨尔本”号的甲板上跃起的舰载机。

“维克兰特”号轻型航空母舰

■ 正在编队航行中的“维克兰特”号（R11），照片拍摄于1962年。

我国的近邻，世界第二人口大国印度拥有超过7500千米的海岸线，南临广阔的印度洋。100多年前，“海权论”鼻祖马汉曾说过一句名言：“谁控制了印度洋，谁就控制了亚洲。21世纪世界的命运将在印度洋上见分晓。”印度对此奉若圭臬，始终深信不疑，其海军自建军之初，就千方百计增强对印度洋的掌控能力。而印度海军认为，要想控制印度洋，就必须拥有航空母舰。

早在印度独立之初的尼赫鲁掌权时代，印度海军就开始谋求获得航空母舰。在1947年独立后仅仅6个月，印度政府就请求英国皇家海军帮助印度规划海军建设，当时印度就认为，南亚次大陆两侧的孟加拉湾和阿拉伯海各需一支轻型航母舰队，另需一艘用于替换。时至今日，印度“三航母”战略规划仍

■ 废弃后停泊在码头上的“维克兰特”号航母。

然没有改变。和巴西、阿根廷、澳大利亚一样，印度的第1艘航母也是从英国买下的二战时期建造的轻型航母。

英国尊严级“大力士”号，于1943年开工建造，直到二战结束也没有建成，战后由于英国压缩军费预算，中途停工十年之久。1957年，印度购入了“大力士”号的所有权，该舰才重新恢复建造。1961年，该舰在贝尔法斯特完工，当年进入印度海军服役，是二战结束之后，亚洲的第1艘航空母舰。

1971年第3次印巴战争爆发，印度海军航空兵大显身手。在东部战线，“维克兰特”号使用舰载的“海鹰”战斗机和“西风”反潜机袭击了东巴基斯坦海港科克斯巴扎尔、吉大港、库尔纳和猛拉以及内河港巴里萨尔和纳拉扬甘杰，并对巴海空进行了成功的封锁，切断了东巴基斯坦与西巴基斯坦的海上联系，使巴基斯坦海军无法东西兼顾，为印度赢得战争立了大功。在这次战争中，“维克兰特”号显示了巨大威力，令印度更加坚信自己的航母战略。

1982年，“维克兰特”号的防空武器系统进行了更新，安装了8门福博斯L70型火炮，1部拖拽式鱼雷诱饵系统和1部海水测温仪，加强了航母的反潜防御能力。此外还增添了1部声波直线路径分析仪器，从而可捕获更细微的水下信息。1983年，印度海军采购了“海鹞”式战斗机取代“海鹰”，同时还安装了强力照明系统、着舰灯光系统和跑道对准系统。1987－1989年再度改装，拆除弹射器，加装了滑跃式甲板。但是由于滑跃式飞行甲板强度不够，不能充分承受“海鹞”式战斗机的载荷，1990－1991年又再度进行了改装。

“维克兰特”号为印度海军培养了一大批经验丰富的军官及士兵，使其积累了比较丰富的航母作战、使用和维护经验。由于印度海军1986年4月又向英国购买了“维拉特”号航母，而且为了避免外购航母处处受制于人的局面，印度政府一直在谋划自主建造国产航母。在这种大背景下，“维克兰特”号已经完成了自己的历史使命，1997年1月退出了印度海军现役。2009年，印度政府开始谋求与民营企业合作，将该舰转作商业开发之用。

“维克兰特”号轻型航空母舰的数据与性能

舰名	舷号	开工	下水	服役	退役
维克兰特 Vikrant	R11	1943.10	1945.9	1961.3	1997.1

标准排水量：16000吨

满载排水量：19500吨

主尺度：总长213.4米，舰宽39米，吃水7.3米

飞行甲板：长210米，宽34米

动力：4台“海军部”（Admiralty）锅炉，2台帕森斯蒸汽轮机，40000马力，双轴

航速：24.5节

续航能力：12000海里/14节，6200海里/23节

舰员：平时1075名，战时1345名

武备：7座福博斯40毫米炮

雷达：信号LW08对空雷达；信号DA05对海雷达；信号ZW06导航雷达

舰载机：6架英制“海鹞”式垂直/短距起降战斗机、9架“西风”反潜直升机、“海王”式反潜/反舰式直升机

“维拉特”号轻型航空母舰

■ “维拉特”号（R22）航母，原为英国海军的“竞技神”号，参加过马尔维纳斯群岛之战。

印度的第2艘航空母舰“维拉特”号依然从原先的宗主国英国购得。“维拉特”号原为英国皇家海军“竞技神”号，由英国维克斯造船有限公司建造，1944年6月开工。一年以后，由于二战结束，百废待兴，英国一度大幅削减军费开支，该舰也中止建造。1950年该舰重新开工，1953年下水。随着喷气机时代的到来，英国海军将其不断改进，直到1959年11月才正式服役。历经了15年漫长的工程建造，建成之后的该舰与原设计图纸相比已经面目全非。

皇家海军为“竞技神”号装备了斜角飞行甲板、蒸汽弹射器、助降镜、舷侧飞机升降机和三坐标雷达，将该舰定位为攻击航母。该舰先后参加了1963年印度尼西亚内战和1968年亚丁港撤退。

1971－1973年，皇家海军耗资2500万英镑对“竞技神”号进行升级改装，拆除了蒸汽弹射器、拦阻索等，装上现代化的电子设备和两栖登陆设备，该舰成为一艘两栖突击航母。1977年，皇家海军按照北约组织的最新要求，为加强反潜作战能力，对该舰再次进行改装，除保留原有的两栖支援能力外，还增加了反潜功能，可同时搭载反潜直升机和垂直/短距起降飞机。

1980－1981年，英国海军又耗资4000万英镑，为“竞技神”号更换最新的雷达系统、通信及飞机的导弹控制与制导系统外，还在舰艏左边装上供“海鹞”式飞机起飞用的上翘角为12度的滑跃式甲板。

在1982年的英阿马岛海战中，该舰曾作为英特混编队的旗舰参战，与“无敌”号航母一起，为英军夺取战区制空权、确保英军海上封锁和两栖登陆作战的胜利，发挥了不小的作用。不过由于“卓越”号和“皇家方舟”号分别于1982年年中和1985年年底服役，英国海军决定于1984年将该舰退役。1986年4月，印度海军以2500万英镑的价格从英国购买进此舰，同时购进的还有舰上使用的12架“海鹞”式垂直/短距起降战斗机。经过改装和大修后改名“维拉特”号。

经过多次改装后的“维拉特”号航空母舰，以反潜、制空和指挥功能为主。它的前部设有宽49米的直通型飞行甲板，有12度的滑撬角，上升的斜坡长度为46米，可以使垂直/短距飞机能在较短的距离内滑跃升空。飞行甲板上共设有7个直升机停机区，可供多架直升机同时起降。舰上机库内可搭载12架“海鹞”式垂直/短距起降飞机和7架MK42型反潜直升机；在必要时，可将“海鹞”搭载量增加到30架，但不能全部进入机库。舰上装设有2座四联装舰空导弹发射装置，可发射“海猫”舰空导弹。1987年5月，该舰正式加入印度海军，成为驻孟买的西部舰队旗舰。

1997年，在“维克兰特”号退役之后，且新型航母“蓝天卫士”号加入现役之前，“维拉特”号成为印度海军唯一的航母。

2008年，该舰进入南部港口城市科钦的科钦船厂进行延寿改装，为其50周年服役纪念做准备。推进系统进行了大修，更换2个蒸汽轮机，对锅炉管道和主动力进行了检修。安装了新的火控设备、导航雷达、改良的核、生物和化学保护设备，以及甲板登陆助手系统等。2009年11月18日，印度海军为整修一新的“维拉特”号航母举行了庆祝活动，宣布它将服役期延长到2015年为止。

■ 正在进行全面整修的“维拉特”号航母。然而，由于船体严重老化，即便是彻底的大修，又能将这艘老朽的寿命延长多久呢？

“维拉特”号轻型航空母舰的数据与性能

舰名	舷号	开工	下水	服役
维拉特 Viraat	R22	1944.6	1953.2	1959.11

标准排水量：23900吨

满载排水量：28700吨

主尺度：总长226.9米，水线长208.8米；总宽48.8米，水线宽27.4米；吃水8.7米

动力：4台锅炉，2台帕森斯蒸汽轮机，76000马力，双轴

航速：28节

舰员：1350名，其中军官143名

武备：2座四联“海猫”近程对空导弹发射装置；2座“厄利孔”20毫米炮

对抗措施：2座“乌鸦座”箔条假目标发射器

作战数据系统：CAAIs作战数据自动处理系统，10号数据链，卫星通信系统

雷达：马可尼966对空雷达；信号DA05对海雷达；雷卡·台卡1006导航雷达；普莱西904火控雷达

声呐：格拉斯比184M舰壳声呐

舰载机：12架“海鹞”FRS Mk51战斗机（实际能载30架）；7架“海王”直升机和卡-27“蜗牛”直升机；在进行两栖登陆作战时，可以载运一个陆战营约750人及其装备

“差克里·纳吕贝特”号轻型航空母舰

■ “差克里·纳吕贝特”号（911）轻型航空母舰与诺克斯级护卫舰构成的航母特混编队

位于中南半岛的泰国，为了维护本国在东南亚海域的利益，要求其海军贯彻保护国家安全、捍卫海洋权益的使命。和平时期，泰国海军除了军事任务之外，还承担着广泛的日常任务，例如，处置海上犯罪事件、海上救灾、保护海洋环境，等等。泰国近海海盗猖獗出没，为了保护过往船只和海员的生命、财产免遭劫难，一旦发生情况，就要求海军能及时赶赴出事地点，如果能出动舰载直升机就能在第一时间对海盗实施打击。而泰国是个遭受台风灾害的多发地区，台风每年都对沿海人民的生命、财产造成巨大损失。灾害一发生，就需要动用舰艇部队及时进行救助、疏散、医疗等支援行动。1989年，东南亚发生了一场特大风灾，当时强台风席卷泰国南部，造成大量渔船沉没，沿岸民房倒塌。泰国海军虽然全力援救，但是由于海军舰艇吨位普遍较小，航行距离偏短，

■ 航行中的“差克里·纳吕贝特”号航母，从搭载的“海鹞”式战斗机可以看出，其船体尺寸非常小巧。

■ “差克里·纳吕贝特”号和西班牙的“阿斯图里亚斯亲王”号如出一辙，均脱胎于美国海军提出的“制海舰”概念。

受海上环境条件的制约较大，实在力不从心，导致仍有大量渔民和滨海灾民死亡或失踪。当时如果能使用舰载直升机，则局面应当能大为改观。这场台风除了造成人员伤亡之外，还对位于泰国湾西岸的各省通信设备造成严重破坏，通信一度中断，此时如果能有一艘装备有完善通信设施的大型舰艇及时赶到，就能够提供应急的通信手段。经过这场灾难，泰国海军对于直升机海上机动平台的需求更为迫切。

20世纪90年代初，泰国海军谋求一艘直升机母舰，那时他们设想的只是一艘吨位稍大、相当于驱逐舰一级的军舰，舰上能够具备搭载几架直升机的功能也就可以了，比起当时世界各国建成的轻型航母，要求要低得多。他们向国外几家大造船公司表示了这一意向，随即收到了来自各方的推荐方案以及报价。其中，西班牙巴赞造船公司竭力向泰国推销其“轻型航母”方案。巴赞造船公司的方案报价不超过4亿美元，只相当于西方建造一般中型护卫舰的价格；预期5年即可完工交舰；而且巴赞公司刚于1988年建成西班牙第1艘轻型航母“阿斯图里亚斯亲王”号，有最近的成功经验可以借鉴，并可根据新的要求继续提高。虽然泰国海军原来只是需要一艘普通的直升机母舰，但是采纳巴赞的方案，他们就能在花费不多的前提下，获得一艘可以作业直升机和“鹞”式垂直/短距起降飞机，作战能力达到更高层次的轻型航母。于是，以此为契机，泰国海军重新调整了他们的现代化计划，轻型航母自然成为他们海上力量的核心。

1992年3月，巴赞造船公司终于以其价格低、建造快、质量有保证的三项优势，一举中标，最终以总价3.6亿美元签约。巴赞造船公司提出的低廉造价首先得益于在舰体结构、管路、电缆、电气设备等方面一定程度上采用民船建造标准。民用品同样有严格的质量管理，只是在个别考核指标上不如军用品那么苛刻而已，但销售广、产量大，价格就比军用品低廉得多。但是在涉及与作战、生命力有关的飞行甲板、动力装置、电力分配系统、损害管制系统等关键项目上，仍按军用标准的要求进行设计、施工。其次，在设备的选用上，突出确保飞行作业这一重点，其他可装可不装的设备一概予以省免；因此在其他性能指标上不提过高要求，该舰最大航速仅26.2节，巡航速度17.2节。再则，在施工工艺技术上采取一系列先进措施，应用“综合建造工艺”和“模块化建造工艺”等，大大缩短在船台上的建造周期，较之“阿斯图里亚斯亲王”号的建造周期缩短了一半，这样就能尽可能节省昂贵的船台费用。此外，为了使舰体外壳的钢板容易加工、节约工时，巴赞公司对本舰的线型设计作了专门的试验研究，线型尽力避免复杂的弯曲，而对水动力性能又不产生不利影响。通过全面降低成本，提高生产效率，终于使本舰的造价降到了一艘中型护卫舰的水平。与此同时，设计、建造周期缩短到仅仅5年的空前记录。

1994年7月12日，巴赞造船公司的法罗船厂开工兴建这艘轻型航空母舰，1996年1月就已完成70%的建造工程量，于是择吉日于1月20日下水。泰国王后诗丽吉亲赴西班牙，在西班牙王后索菲娅的陪同下主持了下水仪式，两国海军司令也一起参加了这一隆重典礼。

泰国国王为泰国这第1艘航母命名为“差克里·纳吕贝特”号，而“差克里”是曼谷王朝开国国王的名字。在命名的同时还公布了此舰的舷号为911。

下水之后，工程进展仍很顺利，当年10月，作为平台部分的航母总体建造工程基本完成，已可进入海试阶段。泰国海军派出了接舰部队，赴西班牙随舰出海，经过约半年的试航与交接，1997年3月20日，该舰正式移交给了泰国海军。

交舰后，航母离开船厂码头驶往西班牙海军的罗塔基地，再进行约4个月的舰员培训。在西班牙海军的帮助下，进行包括飞行作业在内的各种操舰训练，以使接舰部队掌握操作技术。1997年8月，泰国皇家海军接舰回国，进驻泰国最大的海军基地梭桃邑。此后，泰国将自行加装部分武器、作战系统，而供这些装备使用的舱室空间，以及电力、冷却水、压缩空气、空调等系统，均事先已在舰上设计、预装完毕。该航母已正式于1998年投入使用，从而成为世界上最小的航空母舰。

“差克里·纳吕贝特”号，虽然在很大程度上得益于西班牙“阿斯图里亚斯亲王”号的成功经验，但它仍是一个全新的设计，大有“青出于蓝而胜于蓝”的意味。作为航空母舰，本舰的吨位更为小型化，满载排水量仅 11450吨，比“阿斯图里亚斯亲王”号几乎缩小了 1/3，成为当今世界上排水量最小的航空母舰，而其载机数量仅减少1/4，从20架减为15架。所以，虽然吨位缩小，但是单位排水量的载机率却相对提高。这一载机量是以“海王 ”中型直升机标准衡量的，如果改载AV-8B“海鹞II”垂直/短距起降飞机，则可载12架。通常会同时混载2种机型。从外形上看，该舰首柱前倾度增加，“岛式”上层建筑有所延长，柱状桅紧靠烟囱，使舰貌增加了现代化色彩。为了提高它在风浪中的耐波性，对减小舰体横摇采取了双重措施，不但在舱部安装了展翼型防摇龙骨，还装设了2对液压自动控制的减摇鳍。

在动力装置方面，该舰装设 2台16500千瓦的LM2500燃气轮机，和2台4115千瓦的MTU16Vl163TB83柴油机。比起“阿斯图里亚斯亲王”号有重大的改进，主要是增加了专供在巡航时使用的柴油机。由于燃气轮机在巡航低工况时，耗油量较大，经济性差，因此特地为巡航装备了柴油机，交替使用燃气轮机和柴油机双型机种，大大降低了巡航耗油量，既能提高经济性又能增大续航力。同时，本舰把“阿斯图里亚斯亲王”号的单轴、单桨推进，改为双轴、双桨，增加了动力装置的生命力并提高了该舰的机动性。

武备方面，比起仅装4座“梅罗卡”12管20毫米近程防空炮的“阿斯图里亚斯亲王”号，该舰除装设4座“密集阵”6管20毫米近程防空炮以外，还装备了1套8单元的“北约海麻雀”防空导弹垂直发射系统、2座单管30毫米速射炮。

“差克里·纳吕贝特”号较之“阿斯图里亚斯亲王”号，在多项战术技术性能上有了显著的提高。最轻型的航母，既要最大限度地多载飞机，又要安排下作为航母必需的全部设施，实属不易。

飞行甲板是该舰的核心部分，船首部为上翘12度的滑跃式斜角甲板，为AV-8B“海鹞II”垂直/短距起降飞机能携带最大作战负荷短距起飞提供了便利条件；而其返航着舰则采用垂直降落的方式，因为这种方式无论对飞行员还是对航母来说，都更为简便安全。在降落时，只需逐渐降低飞机的航速，直到使飞机在母舰附近的空中悬停，然后将飞机移动到甲板上方，使飞机缓慢下降着舰即可。飞行跑道偏于甲板左舷，跑道中线与舰体中线形成一个向右3度小斜角，在飞行甲板上有5个直升机停机位置。在飞行甲板的中部右舷及后部中线中各有一台起重能力为20吨的飞机升降机，实施机库甲板和飞行甲板间的飞机上下调度。另在前升降机侧装设有一台起吊飞机用的起重机，一旦飞机发生故

■ 与美国海军第七舰队的“小鹰”号航空母舰一起以低速编队航行的“差克里·纳吕贝特”号航空母舰。由于视角差的缘故，两者的尺寸看起来不那么悬殊。

障无法正常降落时，则先应急迫降于海面，然后再用起重机将其起吊回收。飞行甲板之下为机库甲板，机库长100米。中间有一防火帘将机库分成前、后两部分，共可存放15架“海王”中型直升机或12架AV-8B“海鹞II”垂直/短距起降飞机。在升降机平台及机库空余地上都停放飞机，即可达到规定的载机数量。机库内还有2台与水线下弹药舱相连的弹药升降机，专为飞机装弹。

机库甲板下的主舰体，由13道水密隔壁划分成14个舱。在生命力和抗沉性方面，符合美国海军的分舱设计标准。在舰体中部之后有前、后2个机舱，每个机舱内各布置有1套独立的推进机组，包括1台LM2500燃气轮机和1台MTU柴油机，两者通过减速齿轮箱连接到1根推进轴上。电站设有2个独立的发电机组，分别布置于2个辅机舱内。每组发电机包括2台1200千瓦、450伏、60赫的柴油发电机和1个配电板，各发电机均与配电板相接。所有4台发电机可用并行或独立的形式运转，2个配电板间有总线相连。全舰的电力分配到分布于各处的10个负荷中心进行管理，重要用户可从2个不同的负荷中心接受供电，而一般用户则仅由1个负荷中心供电。此外，在舰艏还有 1台应急柴油发电机。

底舱内储存有1300吨柴油和600吨JP5航空燃料。全舰由敷有防火绝缘的水密隔壁和甲板所分隔成三个防火区，各区均有独立的消防系统和损害管制分站。拥有海水消防总管、水幕系统、泡沫系统等充足的消防设备。泡沫系统下设4个分站，对机库的喷洒器以及飞行甲板上喷洒器和泡沫水龙带提供泡沫灭火剂。另外，全舰各处遍布二氧化碳和干粉灭火器，弹药舱内还设有降温、灭火用的喷淋系统。

舰上设有一个综合监视控制系统，以实现推进控制、电力控制、辅机控制以及损害管制。共有4个主显控台布置于“中央控制中心”进行集中控制，在驾驶室则有相应的分显控台。所有显控台都由光纤数据通信系统相连，收集来自全舰各处的舰艇平台信息。

舰岛位于飞行甲板右舷，最上层为航海舰桥，即驾驶室。其下为司令舰桥、飞行管制舰桥，所有雷达工作舱室以及动力装置的进、排气道都布置在舰岛上层建筑之中。作战情报中心、通信中心以及其他作战舱室，均集中在机库甲板和飞行甲板之间的上层建筑区域内。

流线型柱形桅杆的顶部安装有SPS-2C中程三坐标对空警戒雷达，其下为导航雷达、飞机引导雷达，“塔康”飞机战术导航设备、GPS全球定位系统、TRANSIT卫星导航系统以及安装在桅杆上的高频通信天线，飞行甲板的舷边则布置了通信用的鞭状天线。

“差克里·纳吕贝特”号的建成，使泰国海军的装备建设由此实现了质的飞跃，同时具备了一个理想的海上救援、通信指挥中心，以及一个可以随时紧急出动的前方基地。泰国海军在东南亚地区的地位因此骤然提高，成为该地区最强大的一支海上力量。

“差克里·纳吕贝特”号轻型航空母舰的数据与性能

舰名	舷号	开工	下水	服役
差克里·纳吕贝特 Chakri Naruebet	911	1994.7.12	1996.1.20	1997.3.20

排水量：7000吨（标准） 11450吨（满载）

长：182.6米

宽：27.5米

吃水：6.2米

飞行甲板：长174.7米，宽27.5米

主机：2台LM-2500燃气轮机，44250马力，2台巴赞MTU 16V 1163 TB83柴油机，双轴

航速：27节

续航力：10000海里/12节

武备：8管MK41型垂直发射系统发射“海麻雀”舰空导弹及2座30毫米近程防御武器系统

舰载机：通常配备9架，最多12架“海鹞”式战斗机和15架SH-3H“海王”式直升机或6架S-70B直升机

雷达：对空搜索：休斯AN/SPS-52C 3-D，对海搜索：SPS-64，火控雷达：Signal STIR

导航：休斯I波段MX 1105型Transit/GPS Omega卫星导航系统

声呐：壳体声呐

编制：455人，其中军官62名，航空人员146名，4名皇室成员

日向级 直升机母舰

■ 下水仪式上的“日向”号（DDH-181）直升机母舰。

日本是第1个实现现代化的亚洲国家，也曾经在二次大战期间带给亚太地区无尽的灾难。

战后重建的日本解散了旧军队，只保留了维护国家安全需要的基本武装力量——自卫队。按照战后日本新宪法的规定，日本不能再拥有攻击型航母，航母也因此在日本海上武装力量之中消失了半个世纪。但是随着日本经济在战后的迅速发展，日本国内谋求增强军事力量，成为政治大国的声音再度响起。日本海上自卫队以防空、反潜和救灾等任务需要的名义，开始发展可载直升机母舰，成为近年亚洲和西太平洋地区引人关注的事件。

1998年3月开始服役的日本大隅级坦克登陆舰就已采用直通甲板，主甲板上配备了2部大型直升机升降机，用来搭载CH-47型重型直升机，已经具备了直升机航母的某些特点，但是因为载机量过少，无论从军事角度还是

■ 正在码头上进行最后阶段舾装作业的“日向”号。

从直观上来说，都还不能称之为航母。不过大隅级的出现，自然吸引了对日本军事力量发展比较敏感的人士的瞩目。

进入21世纪以后，随着日本海上自卫队现役的榛名级直升机驱逐舰首舰“榛名”号日益老化，行将退役，日本在2000年中期开始讨论其后续新型替代舰只的建造计划，即“平成16年度直升机驱逐舰计划”（16DDH）。日本防卫厅对16DDH的要求包括：标准排水量13500吨，必要时可收容并操作整个护卫群的8架直升机，具备全天候的直升机起降能力以及完整的航空器补保能力；在作业时，16DDH至少能同时让2架直升机起降，并让4架直升机保持备用状态。

2000年12月，日本防卫厅正式发表的“新中期防卫力整备计划”，首次公布了一种16DDH的草图，立即引起周边国家的关注和质疑。根据这幅16DDH草图，新型舰看起来非常不对劲，仿佛是披着“直升机驱逐舰”外皮的航空母舰。当时日本榛名级、白根级驱逐舰的满载排水量不过6000多吨，但是16DDH设计的标准排水量就足足有 13500吨，满载排水量更可能高达17000－18000吨。相比之下，被亚洲邻国普遍质疑的大隅级满载排水量也不过13000吨。这样的吨位不仅远在泰国“差克里·纳吕贝特”级轻型航母之上，而且足以与欧洲数种轻型短距离起降航空母舰相提并论，因而被外界怀疑隐含能够改造为航母。

2002年年初，16DDH进入概念研究的最后阶段。据日本媒体报道，16DDH有3种设计方案：

A方案：构型与日本现役DDH类似，将上层结构设于舰体中段，上层结构后方有机库，飞行甲板设于舰艉，上面并设有通往舰体内部的飞机升降机。武备都安装在舰体前方甲板上。

B方案：就是此前日本防卫厅最初公布的构型。

C方案：类似美国塔拉瓦级、黄蜂级两栖直升机突击舰，拥有航空母舰式的长方形全通飞行甲板，采用航母典型的右侧舰岛。

C方案直升机起降效率在3种方案之中最为优越；而MK-41 VLS则位于舰岛前端，此外也不安装舰炮。按照该方案的构型最接近航空母舰，作业效率最高，被日本防卫厅视为最可行的方案。

2003年9月17日，日本防卫厅公布新版本的16DDH设计，此版本几乎奠定日后16DDH设计的所有主要特征与布局。大致上与前述“C构型 ”类似，不同的是全通式飞行甲板到了舰艏便向内收缩，此外上层建筑结构设计也有所变动。在该版本中，飞行甲板左侧共有3个直升机起降点，中心线附近则有2座一前一后的航空器升降机。武备方面，舰岛前、后方各有一具美制最新型MK-15 Block 1B改良型密集阵近程防御武器系统，飞行甲板前端两侧舷外各有3座机炮，舰艉右侧装

■ 航行中的“日向”号，人员和舰载机已经配属到位。

有2组八联装MK-41 VLS，舰体两舷各设有1组新型324毫米三联装HOS-303反潜鱼雷发射器，至于FCS-3改相位数组雷达系统则设于舰桥顶端。

此后两年，日本防卫厅对于16DDH的细部又进行了不少修改，主要在于飞行甲板左侧的外型向左舷延伸，扩大了面积，而直升机起降点增加到了4个；为了能同时对付空中与水面目标，2具密集阵速射炮移到了较低的位置，分别位于舰艏甲板右侧以及舰艉左侧的延伸平台上，原本安装方阵的舰岛前、后平台则改设大型半球状天线。左舷前、后段各设有一个延伸平台，安装了若干球形天线。

2艘16DDH都由石川岛播磨重工业株式会社横滨造船厂承造，首舰（DDH-181）于2006年5月11日开工，2007年8月23日下水，命名为“日向”号，造价472亿日元，2008年8月完工并进行为时半年左右的试航，在2009年3月18日于横须贺港交付海上自卫队，进入现役，取代2009年初退役的榛名号，成为第3护卫队群的旗舰；至于2号舰（DDH-182）的进度约晚两年，已于2009年8月21日在横滨下水，命名为“伊势”号，预计于2011年开始服役，2舰将分别取代2艘榛名级直升机驱逐舰。

日向级的作战系统相当先进且高度整合化，并且拥有优秀的信息传输能力以符合未来各军种、各舰之间“联网作战”的趋势。动力系统方面，日向级将采用由4台 LM-2500燃气涡轮组成的COGAG形式，采用双轴推进，极速是达传统起降航母水平的30节，航速20节时续航力达6000海里。舰体两侧各有1条稳定鳍片与2个稳定翼面，稳定翼分别位于鳍片前、后方。由于舰上各系统高度自动化，日向级虽然满载排水量高达17000吨，几乎是白根级的两倍半，但是舰上仅编制347名人员，而吨位不到日向级一半的白根级却需要370人之多。日向级的舰体总共分为7层甲板，舰体前段设有下甲板机库，高占2层甲板；机库后方是航空机维修甲板，高占3层甲板；前段与后段舰体中轴在线，各有一具直升机升降机。飞行甲板下方的第2甲板是综合功能区，设置了战情控制中心、军官生活起居空间与医疗设施，此外还可容纳舰队司令部的人员，并设置舰队作战中心（FIC）。

日向级标准载机的官方数字为3架反潜直升机加上1架大型扫雷/运输直升机，不过实际上最多可搭载11架自卫队的各型直升机，而且全部均能收容于长达125米的下甲板机库；至于飞行甲板则有4个起降点，能同时操作4架直升机。

日向级的主力机种将是SH-60K反潜直升机，系由海自原有的SH-60J大幅改良而成，主要改进包括机体延长，换装新的4叶片复合材料螺旋桨；新型主/被动吊放式声呐；新的战术数据处理与显示系统（包括电子支持装置与诱饵投射器的整合式机载电子战自卫系统、FLIR、高分辨率的逆合成孔径雷达等）。新装备，武装包括新式的97式鱼雷、反潜炸弹、轻型反舰导弹等，能执行反潜或反水面任务。

扫雷/运输直升机则是日本在2000年向英国、意大利采购，并授权日本川崎重工组装的MCH-101，系该公司EH-101重型直升机的扫雷衍生型（有配备机尾跳板舱门），取代日本海自现役的MH-53E扫雷直升机以及S-61运输直升机队，作为空中扫雷、运输以及南极作业之用。

日向级的甲板强度能供超过30吨的MH-53E直升机起降，理论上日向级要操作同为30吨级的美制MV-22倾斜旋翼飞机或20吨级的F-35B联合战术打击战斗机并没有任何问题，但如果采用F-35B则必须对日向级的甲板进行重新设计，大幅度强化耐灼烧能力，并改建滑跃式飞行甲板以便其能够起飞。日向级本身配置的直升机或许不多，但在必要时可容纳护卫群中其他通用驱逐舰的舰载直升机，能够使舰队运作保持很大弹性。值得注意的是，日向级的飞行甲板尺寸（长195米，宽40米）面积超过英国无敌级、意大利“加里波第”号、西班牙“阿斯图里亚斯亲王”号等欧洲轻型航空母舰。

关于日向级是否有操作垂直起降战机的潜力，日本防卫厅曾宣称此种舰艇只能起降直升机，甲板不能承受垂直起降飞机的喷流，而且一直没有安装滑跃式飞行甲板，嵌在舰体中线的升降机限制了可运用的机体尺寸，不利于操作更大型的固定翼战斗机；但是日向级真实的设计唯有当事人自己知道。就舰体尺寸与甲板强度而言，日向级的确有搭载此类机种的潜力，这取决于飞行甲板是否经过对发动机热焰的强化，以及舰上是否能容纳配套的后勤支持设施和是否有足够的弹药、料件、燃油储存空间；不过直到目前为止，日本还没有任何自美国引进F-35B战机的迹象。另外，日向级可以容纳整支所属护卫群的所有反潜直升机，统一进行保修与调度作业，使护卫群的远洋持续作业能力和效率大增，这是过去榛名级、白根级直升机驱逐舰所达不到的能力。

由于被定为具有舰队旗舰功能的DDH，日向级将配备最先进的战情处理系统与指管通情电监侦（C4ISR）装备。日向级的作战中枢为日本新近开发的先进技术战斗系统（Advance Technology Combat System，ATECS），大量采用现有的商用组件技术以降低成本并方便升级。ATECS包含先进战斗指挥系统（Advanced Combat Direction System，ACDS）、FCS-3改、反潜情报处理系统（Anti Submarine Warfare Computing System，ASWCS）、电子战管制系统（Electronic Warfare Control System，EWCS）等4个主要部分，以ACDS为核心，联结其他3个部分以及舰上各种雷达、射控、电子战系统以及武装，进行防空、反水面、反潜和电子作战；而前述ATECS的4个主要部分之间以光纤网络联结，再经由采用民间TCP/IP网络协议的舰内广域网络（Ship Wide Area Network，SWAN）连接舰上其他侦测、武装等次系统。ASWCS整合了各型舰载声呐，并提供数据

■ 暮色中，航行于东京湾的“日向”号。

给各项反潜武器以及鱼雷反制系统。此外，日向级将配备先进的卫星通信与数据链网络系统，以实现与美军相同的三军联合作战能力，此外也可能具备美国海军近年来研发的联合接战能力（CEC）。

日向级拥有全面先进的武备。日向级的主要对空侦测/射控装备为日本三菱电子精心研发的FCS-3主动式相位数组雷达，负责对空搜索/追踪以及舰上海麻雀ESSM短程防空导弹的照射导控。舰艉配置2组八联装MK-41垂直发射装置，其中4管用于装填16发4枚1管的ESSM短程防空导弹，其余则填入12枚VLA垂直发射反潜火箭；而在垂直发射器的左边，还装有1组独立的再装填装置。除了硬杀手段外，日向级还配备Type-1电子战系统，包括4具MK-36 SRBOC六联装干扰弹发射器，安装在两舷各一的延伸平台上，每个平台各装2具；此外，舰上还设有拽航具四型鱼雷反制系统。

日向级的舰艏设有日本新开发的OQS-21大型低频声呐，该声呐由正面圆柱状数组与侧面平面数组所组成，整个音鼓长度高达40米，听音距离与浅水域操作能力胜过现役的声呐系统。与FCS-3一样，OQS-21同样也已在“飞鸟”号试验舰上测试了多年。由于任务性质使然，日向级并未配备拖拽数组声呐系统。除了以反潜直升机投掷武器外，日向级本身也配备了2组三联装HOS-303鱼雷发射器（安装于舰体后段两侧的舱门内），除了MK-46Mod5鱼雷外，还可发射日本自制的新型97式反潜鱼雷。最初日向级预定配备自行开发的“日本版VLA”，其战斗部换为97式鱼雷，有效射程较搭载MK-46鱼雷的美国原装VLA的10千米大幅增至18千米；不过后来为了节省成本，日本版VLA遂遭到取消，还是采用美国原装的VLA。此外，舰上SH-60K直升机也以97式鱼雷作为武装。

日向级近距离防御武器包括4挺12.7毫米机枪，左右舷各装2挺，其中位于右舷的2挺分别安装于舰岛前、后方的甲板上，左侧的2挺则分别设置于左舷前、后段各一的延伸平台上。

虽然日本反复强调日向级属于DDH直升机驱逐舰，但是18000吨满载排水量，全通式甲板，可以起降大型直升机，是一艘特征明显的直升机母舰。除了舰载直升机之外，日向级也具有作为海上自卫队旗舰的指挥能力。在将来日本自卫队的国内外派遣任务（国际维和、人道救灾、撤侨、离岛夺回等）中，日向级将能成为跨军种的联合指挥平台，并满足届时大批直升机频繁起降调度的需求。只要后勤补保、人员借调做好并增设适当装备，日向级也可供其陆上自卫队的直升机起降调度，使其实现远洋作业能力的大幅提升。虽然日向级暂时并没有滑跃式甲板或弹射装置以起降普通固定翼飞机，其甲板结构强度也很难承受固定翼飞机在降落时的冲击力，然而日本大型载机舰今后究竟会向怎样的方向发展，整个东亚都会为之关注。

“日向”号直升机母舰的数据与性能

舰名	舷号	开工	下水	服役
日向 Hyuga	DDH-181	2006.5.11	2007.8.23	2009.3.18
伊势 Ise	DDH-182	2008.5.30	2009.8.21	尚未服役

标准排水量：13950吨

满载排水量：18000吨（预估）

主尺度：197米×33米×48米

吃水：7米

飞行甲板：195米×40米

动力：4台LM-2500燃气涡轮组成的COGAG形式，总功率120000马力，采用双轴推进

航速：30节以上

续航力：6000海里/20 节（预估）

舰员：340－360名

武备：2座Mk15 Block1B近程防御系统，2座HOS-303 3联装鱼雷发射管，12.7毫米高射机枪若干，2座八联装MK-41海麻雀点防御导弹发射器

舰载机：SH-60K反潜直升机 3架，MCH-101扫雷/运输直升机1架，机库可容纳11架直升机

■ 正在进行航行中舰载机起降训练的“日向”号。

“独岛”号直升机母舰

航行于黄海上的“独岛”号（6111）直升机母舰。

日本可载直升机的大隅级坦克登陆舰在1998年服役之后，邻近各国都为此表示担忧，曾经长年沦为日本殖民地的韩国对此反应更为激烈，韩国海军在不久之后，即开始启动本国航母发展计划。

2005年7月，就在日本“日向”号直升机航母设计方案正式敲定前后，“独岛”号船体建成下水，2007年7月，该舰正式加入韩国海军服役。当时的韩国总统卢武铉表示，“独岛”号轻型航空母舰表达了韩国的自主国防意志，是韩国海军发展的转机。

“独岛”号采用了航空母舰的直通式甲板设计，可起降直升飞机或垂直/短距起降战斗机。额定载员700人，标准排水量13000吨，满载排水量19000吨，长199米、宽31米，最大航速23节，可搭载兵器：10余架CH-60和“山猫”（Lynx）直升机，7辆两栖坦克，10余辆坦克和2艘高速气垫登陆艇，具备投送登陆兵力、指挥、防空、反潜等功能。

“独岛”号采用钢舰体，水线面面积系统很大，舰艏部分略带舷弧，使该舰具有很好的压浪性能，减少了舰体的摇摆幅度。舰内划分为5个防火区域和3个核生化防护区，配置的水密舱能保证3舱进水而不沉。

从舰体纵向上看，“独岛”号舰体划分为15个甲板区，舰体下部的各个区域都是互不相通的独立区域。重要的区域包括：

第1甲板区是上层舰岛所在地，舰岛左舷是飞行指挥中心，舰桥的后部设有通信桅杆，上面安装有红外线诱饵发射机，紧接着是2个烟囱、雷达基座建筑。

第2甲板区除集中了操作室、登陆作战指挥室、主电信室、辅助办公室外，还包括一个医院设施，其中包括3个手术室、病房以及X光和CT室，一个牙医手术室和一个实验室。

第3甲板区为飞行甲板，长179米、宽31米，设有5个直升机起降点，甲板上能够同时停放10架直升机，类似RH-53D海种马重型支援直升机以及海山猫多用途/轻型攻击直升机都能上舰。韩国方面设想舰载直升机的具体任务是用5－8架直升机在30分钟内将登陆部队输送完毕，并同时担负登陆作战的空中警戒。平时舰上并未配备直升机，当执行任务时，舰上的直升机编队由突击队的直升机部队根据作战需要组成。该舰的右舷外板后部和尾板处分别设有舷侧吊门和尾部吊门，在包括码头位置较低的情况在内的任何登陆条件下，都能运输车辆和物资。为了便于车辆在舰内移动，舰内还设置有固定式吊门。

第4甲板区位于舰体前后和中部的区域，是舰员和登陆士兵的居住区，依次为军官室、军官居住区以及舰员仓库等。

相当于2层甲板高的第5甲板区则成为直升机库，全长115米，宽29.6米，最低高度6.2米，该机库能容纳10架SH-60海鹰或EH-101直升机，在2架飞机之间还有足够的空间设置1个维修舱室。值得注意的是，其升降机和机库都是按照美国F-35联合攻击战斗机（JSF）的需求尺寸来设计建造的，为以后搭载这样的高性能战机做了必要的准备。机库后面从舰体中部至舰艉的地方是注水式船坞甲板，长25.6公尺、宽14.8公尺，能容纳1艘LCAC气垫登陆艇或是2艘LCU型通用登陆艇（该资料引自韩进重工集团的公报，与外界传闻有出入）。

它采用与“日向”号相同的最先进的复合式燃气涡轮推进（COGAG），主机是4座LM2500型燃气涡轮机，每座额定功率30000马力，总功率120000马力，由韩国三星集团在美国通用电力公司的授权下生产。4座轮机与2个抗破坏力极强的 FrancoTosi变速与反向齿轮相连，驱动2个5叶片可变螺距螺旋桨，该螺旋桨的设计符合MIL-S-901DA级标准和美海军的可调螺距螺旋桨规范，可有效减少船只在运行时产生的水下噪音。其最高航速为23节，在登陆舰艇之中属于高速，但是与同等排水量的轻型航母比较则处于明显劣势，对日本最新建成的“日向”号30级以上的航速更是望尘莫及，但是该舰在16节航行时的续航力约达8000海里，这一点要优于“日向”号。

“独岛”号飞行甲板前部装备有近防武器系统，舰岛前方右舷有1台大型吊车、2台直升机升降机和1台货物升降机。直升机供油点设置在两舷。除运输直升机外，“独岛”号的飞行甲板还可以搭载车辆，这充分体现

■ “独岛”号的舰载机以“黑鹰”的舰载型为主。

■ “独岛”号具有类似日向级的全通飞行甲板。

了其承担两栖攻击作战任务的特点。而根据需要，“独岛”号未来还可以装备长度为15－17米的滑跃式飞行甲板，其上如敷设耐热材料，可搭载类似F-35的垂直/短距起降战斗机作战。

由于并非火力作战型舰艇，“独岛”号的武器系统偏重于自卫。其在岛型建筑的舰桥顶装备了1套“拉姆”近防导弹系统，以及2座30毫米“守门员”近防炮，1座在飞行甲板前部，1座在舰岛后方。在2个烟囱间安装了SMART-L三坐标雷达（在下水时未安装雷达实机，为后来加装），各种电子对抗系统、导航系统和通信系统等一应俱全。在舰艉右舷处安装了SLQ-25鱼雷诱饵发射器。

虽然武备并不是很强，但由于该舰将承担多元化作战任务，搭载的飞机、坦克、车辆等装备类型很多。因此“独岛”号的指挥控制系统复杂。除本舰的防御外，还要承担舰艇编队作战、登陆卸载、航空管制等多种指挥控制任务，因此采用了先进的C4I系统作为保证。“独岛”号的飞行甲板和机库甲板之间有一个1000平方米的作战信息中心，它为水面两栖作战、空中作战管理及与海上友邻舰艇通信管理提供了独立空间。英国BAE公司提供的KDCom1作战管理系统就安装在里面，显示战术信息的8个多功能分散式控制台由一个FODMS双冗余光纤资料多路传输系统联结，采用了100个分散式处理器。KDCom1作战管理系统将为航空飞行、海上作战及两栖作战提供完整的C4I服务，对攻击舰的防空作战（AAW）系统实施全面监控。为增强近岸水域作战条件下的视觉感测器能力，“独岛”号还装备光电昼/夜监视和目标追踪系统（TEOOS）。该系统能够自动和自主地进行三坐标目标捕获和追踪，可帮助舰员完成对海上和空中目标的探测、监视和识别，即使在夜间和可视度很差的情况下仍能正常工作。作为一种被动的非辐射感测器系统，即使舰艇处于雷达静默状态，也不会影响系统的使用。TEOOS系统配置有2具白天使用的电视照相机，1具信天翁（Albatross）第3代焦平面阵列热成像照相机，1具西莱斯（Cilas）护眼型镭射测距仪以及1台微光电视照相机。这种多感测器系统将综合进“独岛”号的作战指挥系统，通过作战资讯中心或舰桥中的任何一台工作站进行操作。

虽然韩国煞费苦心建造了“独岛”号直升机航母，谋求地区军事大国的地位，但是相比日本的大隅级和“日向”号，该舰国产化程度相当有限，搭载的动力、武器和电子系统基本上是引进欧美或按许可证制造。2009年4月，“独岛”号来到我国青岛参加我国海军建军60周年纪念活动。目前，其2号舰“马罗岛”号正在建造中，预计2010年服役，3号舰的建造计划也已经敲定。但是韩国海军真正想要成为一支具有远洋作战能力的“蓝水海军”，显然还有一段很长的路要走。

“独岛”号直升机母舰的数据与性能

舰名	舷号	开工	下水	服役
“独岛”号	6111	2002.10	2005.7	2007.7

标准排水量：13000吨

满载排水量：19000吨

主尺度：长199米，宽31米

飞行甲板：179米×31米

动力：4台LM-2500燃气涡轮组成的COGAG形式，总功率120000马力，采用双轴推进

航速：23节以上

续航力：8000海里/16节（预估）

额定载员：700名

武备：“拉姆”近防导弹系统，2座30毫米“守门员”近防炮

舰载机：10余架CH-60和“山猫”(Lynx) 直升机

其他可搭载武器：7辆两栖战车，10余辆主站坦克和2艘高速气垫登陆艇